phic design
plain things,
better,
ugh, make
(every once
ge the world

怎样用平面设计推销、表达、美化产品，打动人心，偶尔还改变世界。

图书在版编目（CIP）数据

怎样用设计改变世界：美国顶尖设计师迈克·贝鲁特的设计指南 /（美）迈克·贝鲁特著；周安迪译. —南宁：广西美术出版社，2018.5
书名原文: HOW TO.
ISBN 978-7-5494-1875-6

Ⅰ.①怎… Ⅱ.①迈… ②周… Ⅲ.①设计学 Ⅳ.①TB21

中国版本图书馆CIP数据核字（2018）第022815号

Published by arrangement with Thames & Hudson Ltd, London
HOW TO... © Michael Beirut 2015
Written and designed by Michael Beirut
Production management by Sonsoles Alvarez with Chloe Scheffe
Production supervision by Julian Lindpaintner
Design supervision by Hamish Smyth
Editorial consulting by Andrea Manfried
Copyediting by Rebecca McNamara

This edition first published in China in 2018 by Guangxi Fine Arts Publishing House, Co., Ltd, Guangxi

Chinese edition © 2017 Guangxi Fine Arts Publishing House Co., Ltd

本书由英国泰晤士&哈德逊出版社授权广西美术出版社独家出版。
版权所有，侵权必究。

怎样用设计改变世界：
美国顶尖设计师迈克·贝鲁特的设计指南
ZENYANG YONG SHEJI GAIBIAN SHIJIE
MEIGUO DINGJIAN SHEJISHI MICHAEL·BIERUT DE SHEJI ZHINAN

著　　者：［美］迈克·贝鲁特
译　　者：周安迪
策划编辑：冯　波
责任编辑：谢　赫
装帧设计：周安迪
版权编辑：韦丽华
责任校对：梁冬梅　张瑞瑶
审　　读：陈小英
责任印制：凌庆国
出 版 人：陈　明
终　　审：冯　波
出版发行：广西美术出版社
地　　址：广西南宁市望园路9号（邮编：530023）
网　　址：www.gxfinearts.com
印　　刷：深圳当纳利印刷有限公司
开　　本：787 mm×1092 mm　1/12
印　　张：$27\frac{4}{12}$
字　　数：60千
出版日期：2018年5月第1版第1次印刷
书　　号：ISBN 978-7-5494-1875-6
定　　价：168.00元

怎样用设计改变世界：
美国顶尖设计师迈克·贝鲁特的设计指南

广西美术出版社

How to use gra[phic design]
to sell things, e[ntertain people,]
make things lo[ok better, make]
make people la[ugh, make]
people cry, and[(every]
in a while) char[nge the world.]
Michael Bierut

目录

11
怎样在一个前不着村后不着店的地方成为设计师
导语

17
怎样用手思考
30多年的笔记本

37
怎样用平面设计"摧毁世界"
美国平面设计协会

41
怎样获得创意
纽约国际设计中心

43
怎样超越风格
美国设计中心

45
怎样做没有logo的视觉识别
布鲁克林音乐学院（BAM）

53
怎样创造一个永恒的小镇
佛罗里达州，塞拉布雷逊

61
怎样免费工作
视差剧院

67
怎样筹到十亿美元
普林斯顿大学

71
怎样赢得一场势均力敌的比赛
纽约喷射机队

81
怎样做好
好餐厅

87
怎样跑马拉松
纽约建筑联盟

101
怎样避免落入俗套
明尼苏达儿童博物馆

107
怎样避免世界末日
《原子科学家公报》

113
怎样做到时尚而永恒
萨克斯第五大道精品百货

125
怎样跨越文化
纽约大学阿布扎比分校

131
怎样为教堂做设计
圣约翰神明教堂

139
怎样让建筑师晕头转向
耶鲁大学建筑系

155
怎样在一座玻璃幕墙的大楼上挂上巨大的标牌又不挡住视线？
《纽约时报》大厦

165
怎样让美术馆疯狂起来
艺术与设计博物馆

173
怎样评价一本书
封面与护封

179
怎样留下印记
标准字与符号

191
怎样压扁选举
选票箱项目

193
怎样穿越时空
利华大厦

197
怎样为长途飞行打包
美联航

205
怎样玩转一个棕色的纸箱
Nuts.com

211
怎样闭嘴倾听
新世界交响乐团

217
怎样荣登榜首
《公告牌》杂志

225
怎样让人信服
Ted航空公司

235
怎样到你要去的地方
纽约市交通署

247
怎样调查一起谋杀案
《错误的荒野》

253
怎样做你自己
美国莫霍克精品纸业

259
怎样找回激情
美国建筑师学会

267
怎样制造新闻
查理·罗斯

275
怎样摆桌
巴比·福雷的餐厅

283
怎样在岛上生存
总督岛

293
怎样同时设计两打标志
麻省理工学院媒体实验室

307
怎样用平面设计拯救世界
罗宾汉基金会图书室项目

318
致谢

320
图片版权

"外行才需要灵感，剩下的人只是到场干活儿。"
查克·克劳斯

NORMANDY HIGH SCHOOL **WAIT UNTIL DARK**

FRI. & SAT: NOV. 17 & 18, 1972

$1.00
8:00 PM

怎样在一个前不着村后不着店的地方成为设计师

导语

对页图
我的第一件被大量复制的作品是我在高中时给舞台剧《等待黑夜降临》设计的海报。这个舞台剧讲述了一个受到黑帮威胁的盲人女性的故事（所以海报上画了眼睛）。

从我记事开始，我就一直想成为一名设计师。

那时候应该也就五六岁吧，有个周六我爸爸开车带我去剪头发。我们在一个路口等绿灯的时候，我爸爸指着路边上停着的一辆叉车问我："你看，是不是很棒？""啥？"我说。"你看他们那个'clark'怎么写的？"clark是叉车侧面的标志，不过我不知道他在说什么。"你看那个"L"把"A"给抬起来了"，他解释说，"就像叉车一样。"

我当时觉得就像光天化日之下发现了一个神奇的秘密，激动得说不出话来。这种事情发生多久了？这种小奇迹是不是隐藏在各种地方？这都是谁创造出来的？

在俄亥俄州加菲尔德海茨的圣特丽莎学校读一年级的时候，我的老师就发现我挺会画画的。这可不是小事儿。我那时候是个好学生。不过20世纪60年代克利夫兰郊区的孩子们对认真学习这事持保留态度，甚至可以说是以此为耻。艺术天赋，与此相反，就像一种魔力。体育差还很内向的我，突然找到了一个能够名扬校园的途径。修女们说这是"上帝赐予的天赋"，我就大肆利用这个技能。很幸运，我的父母给予我充分的鼓励，还给我买了越来越专业的画具（炭笔、粉彩画笔、软橡皮），还在世界上最好的文化机构之一——克利夫兰美术馆报了周六早上的美术班。我上初中的时候基本上画什么像什么，大家都默认我长大会成为艺术家。

美术成了我交朋友的途径（当然有时候也能用来避免挨揍）。在我们学校的一个可怕的小混混的要求下，我把一个百威啤酒的标志画在了他的思想品德课的笔记本上。拥有了快球牌（Speedball）书法笔套装并掌握了逼真的德国哥特体（Fraktur）的我，还能应需求随时给人画重金属纹章。

看到海报被挂在高中的各个走廊里的那种兴奋我至今依然无法忘记。

上图
1969年复活节,俄亥俄州帕尔玛市。我站在我父母里奥纳德和安·玛丽身边,我前面是我的双胞胎弟弟们——罗纳德和唐纳德。

上图
我父母给我在克利夫兰美术馆报了班。这是我对美术馆的镇馆之宝之一——透纳的《火烧国会大厦》的诠释。我当时7岁。

我九年级的时候出现了一个转折点,就是给学校的一个舞台剧设计海报。我周五早上交了稿,当天下午就印出来了,然后周一早上全校都贴着这张海报。这是我第一次见证了批量复制的奇迹。看到我海报的人会比去看舞台剧的人还多。我意识到我不想只是画一幅画挂在克利夫兰美术馆那样的地方,我想创造一些有目的的东西,大家到处都能看见的东西,不只是关于自身的东西。这不太好解释。

我那时候根本不知道海报啊,标志啊,都是怎么诞生的。我也不知道都有哪些健在的艺术家,也不知道该问谁。非要说的话,我会猜想像专辑封面这样的东西应该是像弗朗兹·克兰和罗伯特·劳申伯格这样的大艺术家有天想歇一歇顺便赚点外快的时候做的。有一天,我在学校图书馆的就业资源中心——名字起得挺像样,但其实也就是一个摆满了《远大目标职业丛书》的书架——转悠。里面有像《目标烘焙师》《目标干洗工》,还有《目标家政服务》这样的书籍。有本书让我眼前一亮——《目标平面设计师》(Graphic Design/Art),是一个叫S. 尼尔·藤田的人写的。我翻开书,突然意识到,我盯着的不是书,而是我的未来。

然后一页又一页,上面的人物做的事情都是我将来想做的。里面有广告人乔治·路易斯、杂志设计师露丝·安塞尔,还有电视艺术指导路·多夫斯曼的作品案例。原来这项令我着迷的工作有一个名称——叫平面设计。知道了一些又想知道更多,我就到附近的图书馆的索引卡里找"平面设计"。正好,也只有一本书:阿明·霍夫曼写的《平面设计指南:原则与实践》(Graphic Design Manual: Principles and Practice)。

上图
上面是改变我人生的三本书：S. 尼尔·藤田的《目标平面设计师》、阿明·霍夫曼的《平面设计指南：原则与实践》，还有弥尔顿·格拉瑟的《平面设计》。今天大家都知道霍夫曼和格拉瑟，藤田还是个无名英雄。哥伦比亚唱片公司的标志，还有马里奥·普佐的小说《教父》的封面都是他设计的。

回想起来，我当时深感疑惑，这本晦涩的瑞士巴塞尔艺术工商学校的教科书，怎么就跑到俄亥俄州帕尔玛的一个小郊区图书馆的书架上了。那时候，我就像中邪了一样。从对黑白的圆点和方形的研究到欧洲电灯泡包装的再设计，我都全部啃了下来。这本书我借了还、还了又借了好几次（据我所知，除了我没人借过这本书），圣诞节的时候我跟我父母说，今年的礼物我就只想要那本书。

我母亲，真是特别好，给镇上所有书店都打了电话，然后奇迹般地找到一家店正好到货。圣诞节早上，我打开礼物才发现，我可怜的母亲弄错了。她不小心给我买了弥尔顿·格拉瑟（Milton Glaser）的《平面设计》（*Graphic Design*），全书 240 页满满都是图钉工作室（Push Pin Studio）创始人的作品。这些作品什么风格的都有，丝毫没有教条的痕迹。

这三本书开启了我的设计生涯：一本是东海岸旅行者的实用指南，一本是瑞士理论家的激昂宣言，还有一本是天才设计师的耀眼成绩。我不过 18 岁，我在生活中从没见过一名设计师，不过我已经知道我一生要做什么了。

学校的辅导员在俄亥俄州的另一端为我找到了一所特别合适的学校：辛辛那提大学设计、建筑与艺术学院。他们有一个五年制的设计学位。去了以后我发现，相对于图钉工作室的那种活力焕发的设计观，学院更推崇瑞士艺术工商学院（Kunstgewebeschule）的那种极简主义。投入到大量的视觉练习中后，我丢掉了以前的一些错误习惯，掌握了设计的基本功：文字设计（typography）色彩原理与排版。想象力和精力也许可以是与生俱来的，但是准确度和动手能力都是必须依靠艰苦的训练才能掌握的。我们的教授决心不让一个不具备这些能力的人毕业。其实我拿到的那个学位是理学学士学位（Bachelor of Science），这件事情就很说明问题，因为我在辛辛那提学到的那种设计就是和物理定律一样优美、具有逻辑性、自成体系的。至于激情的力量，我是在到了纽约以后才发现的。

上左图
我带着若有所思的眼神坐在辛辛那提大学设计、建筑与艺术学院的创作室里，约 1976 年。

上右图
等我从辛辛那提毕业的时候，已经完全掌握了 Helvetica 和模组网格系统（modular grid system）的使用方法。不过我摄影就一直不行。我没告诉老师其实这张照片是我的女朋友多乐茜拍的。（1980 年我娶了多乐茜。）

回想起来，马西莫·维奈里（Massimo Vignelli）看上我的作品集也不奇怪：每页都是无衬线字体，每个版面都是模组网格系统打底。说到底，就是这位享有盛誉的大师把 Helvetica 字体带到美国，给纽约地铁设计了一张完全是几何线条的线路图，还设计了一套东西让从阿卡迪亚到优胜美地所有的国家公园的手册统一了起来。（译者注：阿卡迪亚位于美国东北的缅因州，而优胜美地位于美国西南的加州，从阿卡迪亚到优胜美地，相当于是覆盖了美国所有国家公园。）马西莫和他太太蕾拉在曼哈顿的工作室每年都能完成数不清的标志、海报、图书、室内装修和产品设计。在 1980 年的夏天，我和高中时就开始交往的女朋友多乐茜结婚了。我们搬到纽约，而我成了马西莫工作室最新也是资历最浅的成员。我非常崇拜马西莫，当时几乎不敢相信我有多幸运。不过我知道我的新老板对设计非常有自己的看法，为他工作的设计师都只能在一定的美学框架里面创作。我当时的目标是在那干上一年半然后另谋出路。

结果，我在那里工作了 10 年。虽然工作室被认为笼罩着严苛的现代主义美学，在蕾拉和马西莫领导下的工作室实际上非常温馨，大家有说有笑，还有种类多样、令人兴奋的项目可以做。设计在那里被当作是神圣的使命，加入了这个行业就是与愚蠢和丑陋战斗。来找我们的客户也是这场战役的战友。我强得近乎强迫症的模仿能力对我的工作帮助不少。因为我一开始就是从照搬图书馆借来的书上的设计开始学习的，来了以后我自然而然地就开始模仿马西莫鲜明的风格。他后来开始放心让我设计，甚至在我开始偏离他的风格以后他还是不断激励我。工作到第 10 年的时候，我成了平面设计部门的负责人，不过我开始想，如果我独立出来的话，我会做什么样的作品。

上图
我为马西莫·维奈里和蕾拉夫妇工作了 10 年。他们就好像我的父母一样，他们的工作室就是我的第二个家。

答案自己出现了。我收到了现在的同事潘伍德（Woody Pirtle）的晚餐邀请。伍德是五角设计公司（Pentagram）纽约分部的合伙人。这家公司是设计界的传奇，合伙人之间没有上下级关系，一边共享这个国际性组织的资源，每个人一边又能领导一个独立的设计小组。

一次关于我未来的无心之谈有了出其不意的进展。喝咖啡的时候，潘伍德问我有没有兴趣成为五角设计公司的新合伙人。他真是问对时候了。我很向往大公司的那种活力，小公司的孤独感不怎么吸引我。整合了独立性和集体性的五角设计公司可以说是非常完美。我考虑了一晚上，在和多乐茜商量过后，接受了这个邀请。1990年秋季，我开始了我的第二份工作。

我的第二份工作可能会成为我的最后一份工作。我已经在五角设计公司工作了快25年了。令人吃惊的是，我现在做的事情正是我一直想做的。我还能想起我看到那辆叉车的标志或者翻开图书馆的设计书的时候的那种巨大震撼。我当时不知道人们怎么开始创作那些东西。那些创意都是哪来的？有了创意以后怎么实现？怎么知道一个创意好不好？怎么说服人们接受你的创意？这里面是不是有魔法？平面设计的力量有没有极限？最后，我怎么才能也去干这个？

我在九年级做了第一张海报后，我就发现我的这些问题其实有很多种答案。虽然都不是终极答案，但颇有趣味。没人能告诉你应该做什么。但是一旦你决定了，真正的乐趣就在于弄明白怎么做。

上图
一个新的家庭：1990年，作为该公司纽约分部的新合伙人，在安提瓜岛参加了我的第一次国际会议。我坐在卡车的后面，我周围是莫文·克兰斯基、科林·福布斯、西奥·克洛斯比、大卫·希尔曼、尼尔·夏克立、约翰·拉什沃思、肯尼斯·格兰芝、琳达·辛里克斯、伊坦·马纳塞、潘伍德、约翰·麦克柯奈尔、基德·辛里克斯、阿兰·弗莱彻，还有彼得·哈里森。彼得·萨维尔在方向盘那儿。

下图
2014年，在伦敦的合伙人会议。从左至右：阿伯特·米勒、约翰·拉什沃思、艾迪·欧帕拉、娜塔莎·贞、卢克·黑曼、哈利·皮尔斯、迈克尔·盖利克、洛伦佐·阿皮瑟拉、博兰·薛、安格斯·海兰德、玛丽娜·维勒、我自己、艾米丽·欧伯尔曼、多美尼克·里帕、威廉·罗素、丹尼尔·威尔、DJ Stout、纳瑞仕·拉姆产达尼，还有尤斯图斯·欧乐。

怎样用手思考
30多年的笔记本

对页与上图
30多年来我去哪里都要带上这种笔记本，所以它们都有点破破烂烂的。

1982年8月12日，我打电话的时候翻开了一个标准的7½英寸×9¾英寸（19.05厘米×24.77厘米）的作文本在上面做笔记。我不太记得那本子是哪来的，可能是在我当时工作了两年的马西莫工作室的办公用品柜里找到的。

结果变成了一种习惯，甚至是一种强迫症，而且一直持续到今天。我不带这个本子就没法开会，也没法打电话。别的设计师的速写本都让人叹为观止。我的不是。里面有几页可能还像模像样，有点设计师的感觉——草图、字体试验、视觉创意的构思，其他基本上都是待办事项、要回的电话、计算预算，还有会议记录。上大学的时候，我发现用笔写一遍能帮助我记忆。所以很多这些笔记我记下以后反而翻都没翻过。

虽然我（或许是以前）画画挺不错，在这个数字时代可能画画不再是必要的技能（阅读的能力比画画的能力重要多了）。不过我在回看当年的笔记时，我很惊讶我后来做的设计竟然都能在里面为数不多的草图里面找到雏形。有时候，在一堆要点清单中间夹着一个随手画的小图示，然后这个小图示竟然就成了接下来好几个工作的创作原点。

我第一次听说笔记本电脑的时候，我心想，啊，这不就像我的笔记本吗，只不过形式是一台小电脑（iPad的大小跟笔记本一样有它的必然性）。就像很多设计师一样，我也很依赖我的数字工具。不过我还是没法扔掉我的笔记本，它是我的日记、速写本、宝宝的安乐毯和知音。2013年8月26号，在开始记笔记31年之后，我开始用第100本笔记本。要是能再记100本就好了。

右图

我花了好长时间才找到我喜欢的笔记本。

开始的时候,用的本子打了我讨厌的横线或者网格。

近几十年来,我很多时间都花在寻找没有大横线的本子上了。

这几页都是 1995 年为布鲁克林音乐学院的"下一波艺术节"的设计画的草图。

(见第 44 页)

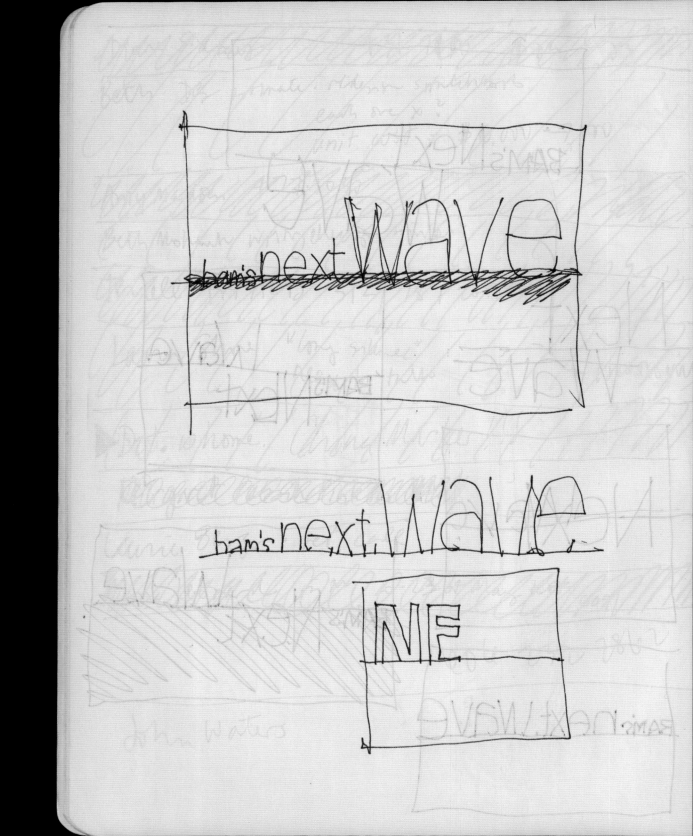

18　怎样用设计改变世界

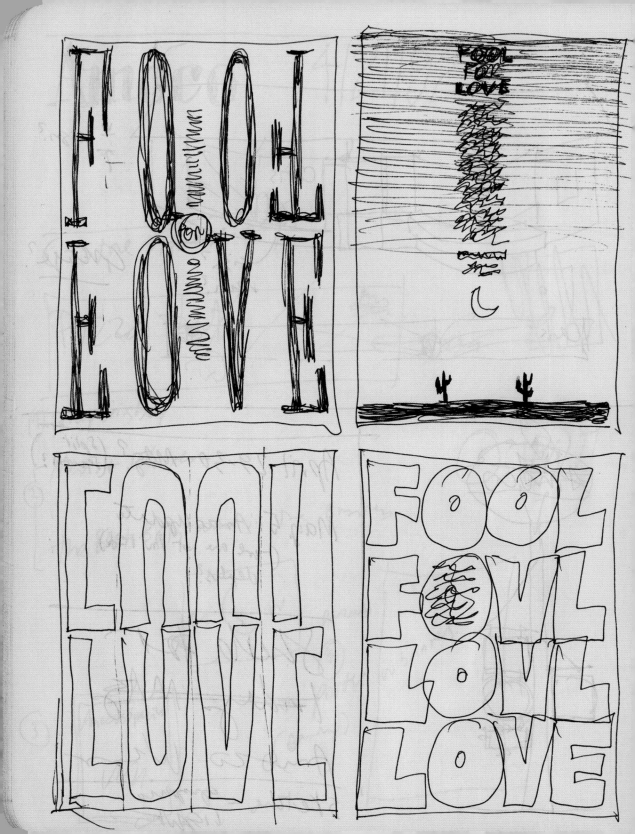

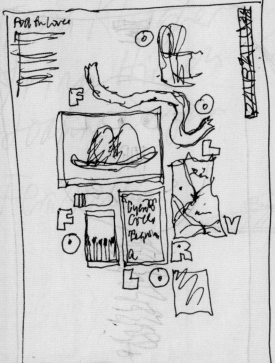

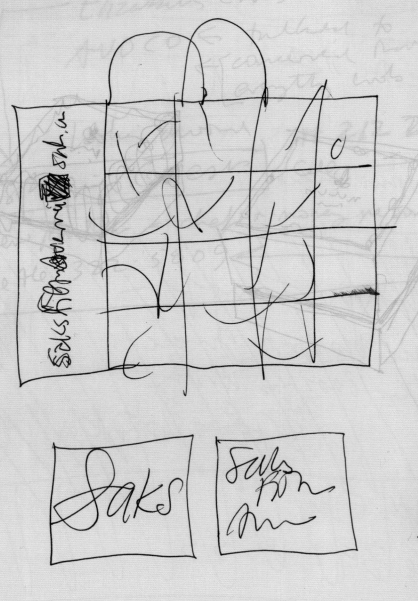

David McNulty
Leap-Frog
Paris Star
L:

Susan Sherek
917 993

Cary Miller Picasso Paul 2 antelope
Ethan Kok

Bobo

@31 45 8 N 259 4
336 8011

[boxed sketch: Sabotitheum]

有时候一幅详细的草图足以让我放弃一种设计方案。

给耶鲁大学建筑师查尔斯·摩尔（Charles Moore）的研讨会所做的海报设计。

是未选择的另一个更简约的设计方案。

（见第 144 页左下）

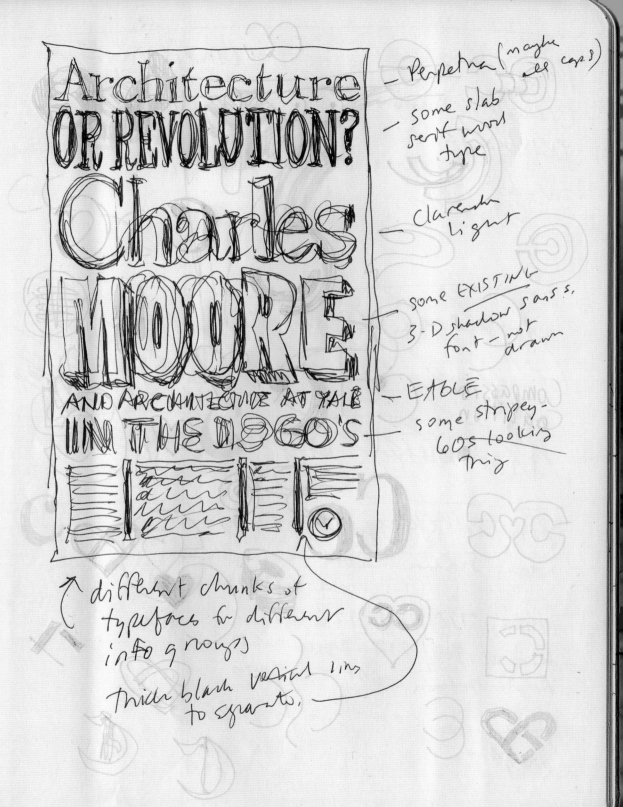

右图

给《纽约时报》的项目画的草图，其中夹杂着一些要回的电话。（见第 156 页）

我好像试了四次才成功。

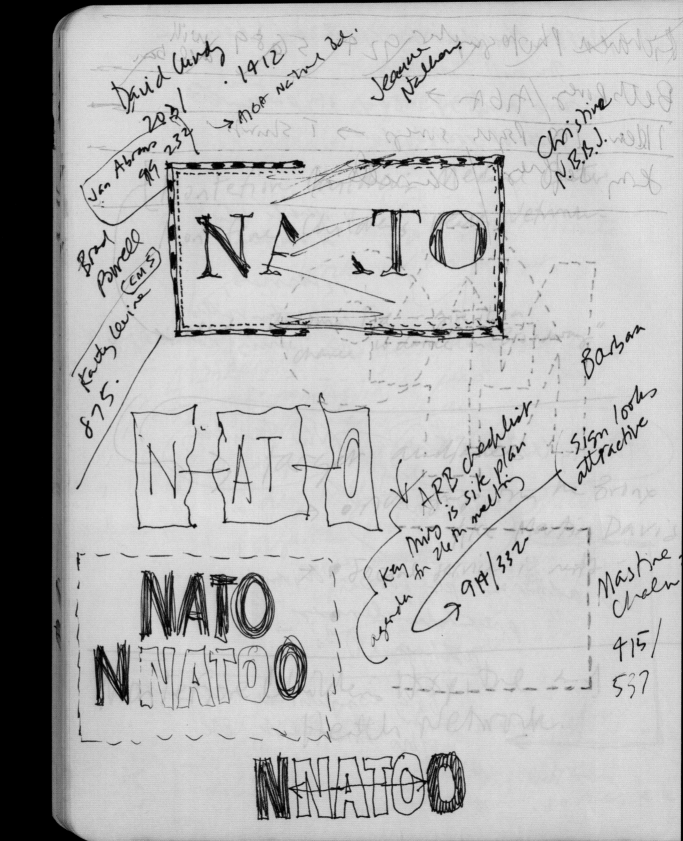

Rethinking Design #4
Deliver Oct 4th → Sked

Jackie TO → at work till 2/14
on vacation 2/15 - 2/23
starts 2/26

United mtg w/ 2/4/97
John Rubarsky

i Kris Cargo -
Scott to send cargo

Shuttle 737 | 300 + 500's

Richmond Childrens Museum.

右图

"过程、材料、变形"我笔记本里的文字往往比图画重要。
（见第 164 页）

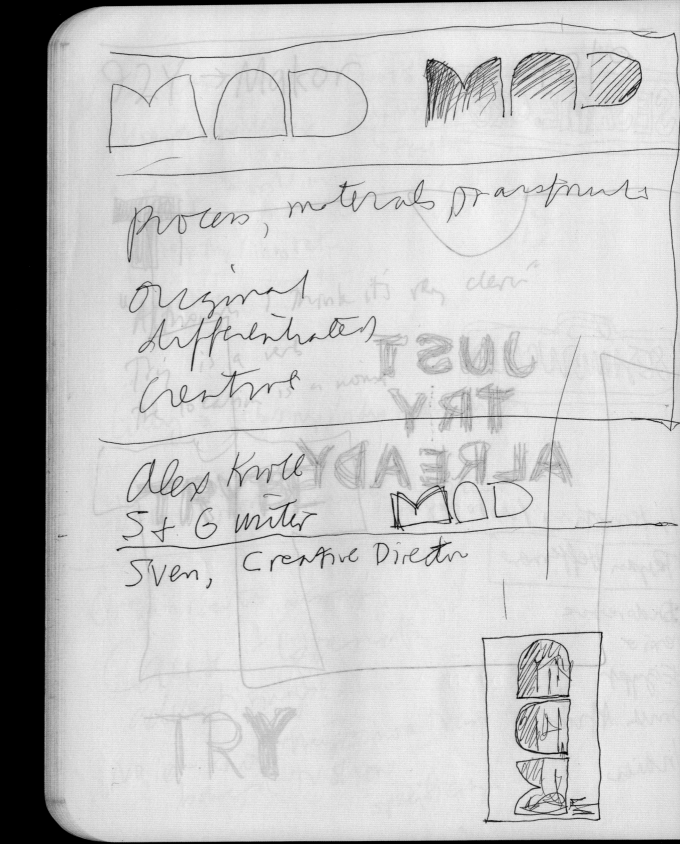

11/12

stripes

hand drawn
scribbled

cut paper

deboss?
embossed

右图

看到这几页为《Billboard》杂志的页面设计画的草图,又让我想起设计版面网格的活儿,其实没别人想象的那么光彩夺目。(见第216页)

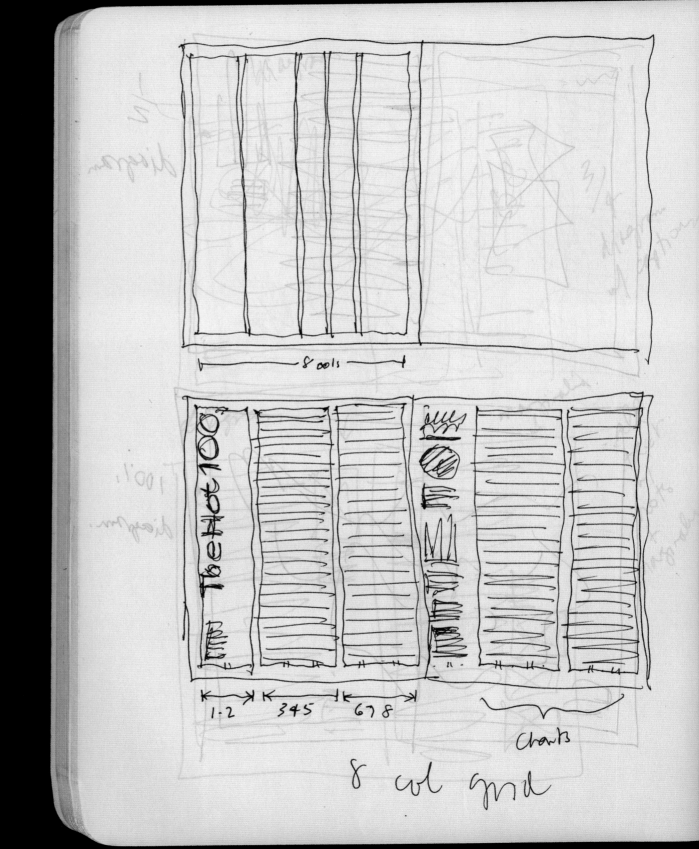

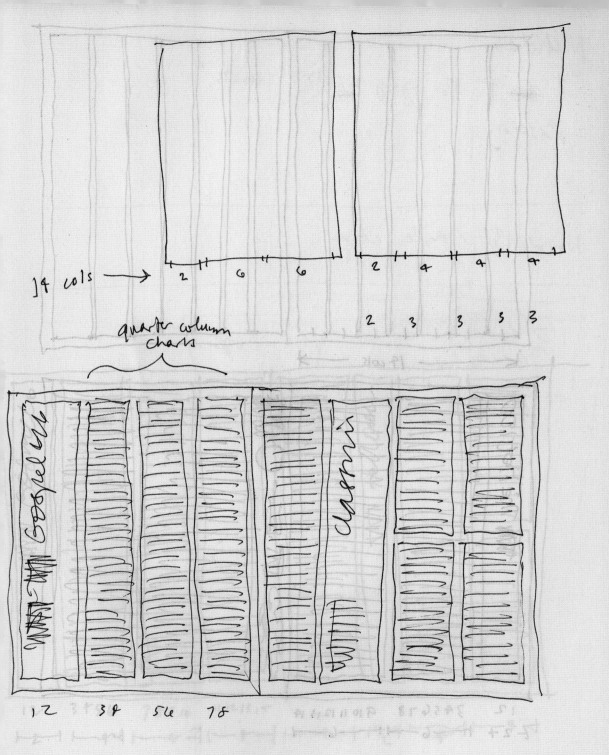

右图

MIT 的媒体实验室的各个组成部分之间的关系我记了满满两页。（见第 292 页）

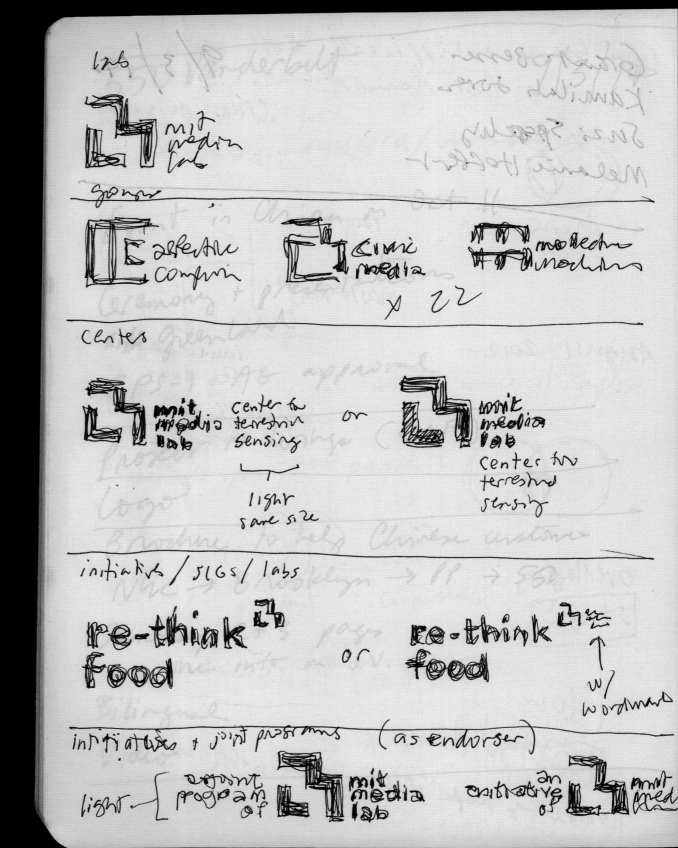

___fellows___
director program

[sketch: E7] mit
         medialab
         { director
           fellows
           program }

vs

[sketch: E7] mit   director
              media   fellows
              lab   program
                          |
                         red

bold + red (or other color)
    grey?

右图

在经过不少失败的尝试之后，我给罗宾汉基金会的图书室项目设计的 logo 找到了一个简单的创意。（见第 306 页）有了实际上用不完的想法之后，我确信我们的方向是正确的。

Reinventing the ~~elementary~~ public school library for New York City's ~~poorest~~ children

The L¡BRARY Initiative

L?BRARY

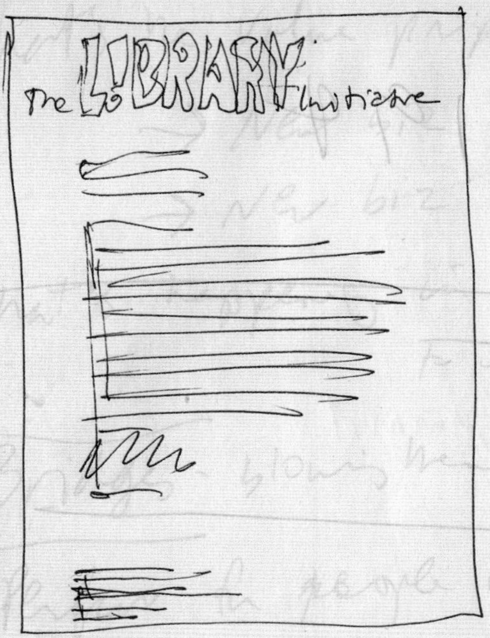

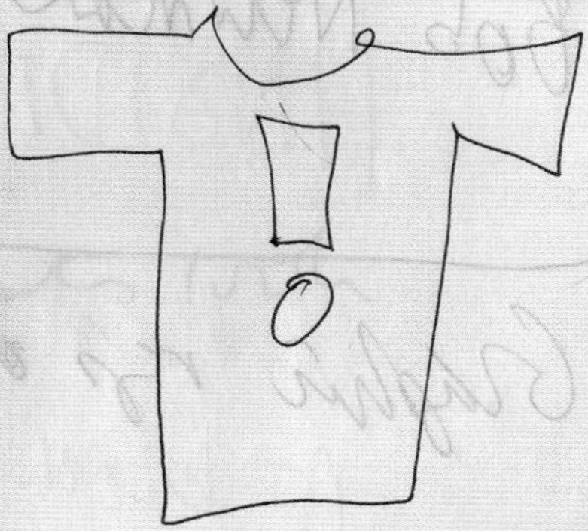

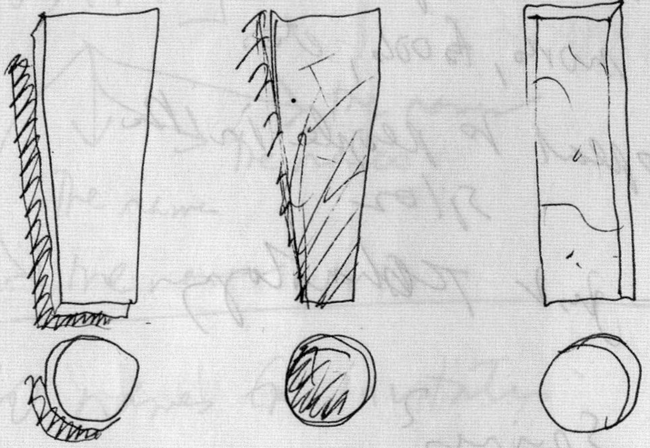

Pin mounted + flat   modelled + flush mounted   die cut

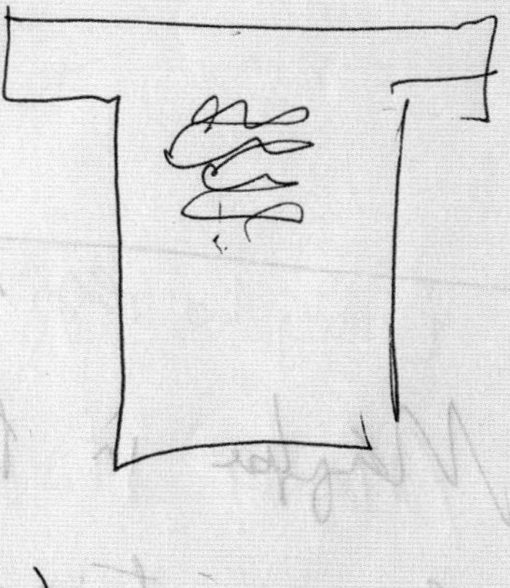

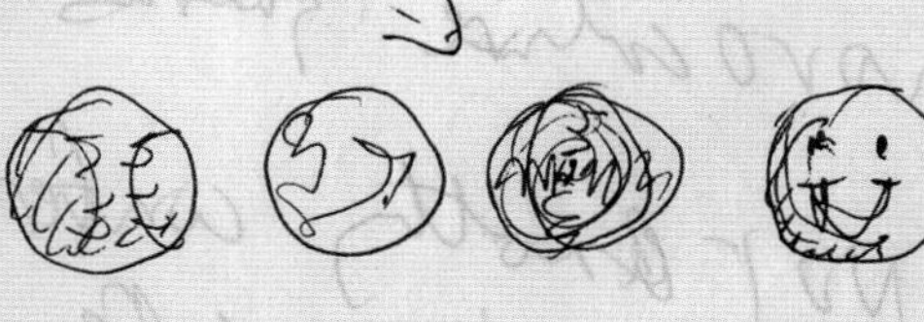

7:30 Balthazar. Friday

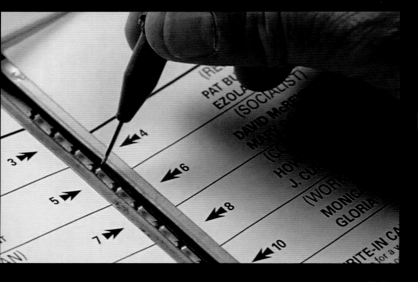

左图
蝶形选票并不是什么新发明,但是在 2000 年的大选中却引起巨大的混乱。

上图
特丽莎·乐普尔,21 世纪最具影响力的设计师。

下图
用了一个多月才最后裁定选举的结果,但是 15 年后还是充满争议。

怎样用平面设计"摧毁世界"

美国平面设计协会

上图
同一种格式的另一种设计方案，告诉我们其实混乱是可以避免的。

那是2000年的秋天，特丽莎·乐普尔（Theresa LePore）正在为一件事伤脑筋。作为佛罗里达州棕榈滩郡的选举监督员，她并不是一名经过训练的平面设计师，但她却要为一个世界上所有设计师都会遇到的麻烦事犯愁——文字太多，版面太小。这次文字又不能删减，尺寸也不能改。这个麻烦事便是即将举行的全国大选的总统与副总统候选人的名单。选票是给棕榈滩郡的选票机用的。投票的时候，选民通过在候选人名字旁边打孔来表达自己的选择。

但是这一年，候选人太多了，一列排不下。所以乐普尔想出一种新的排版方法。她把候选人的名字错开排在了小孔的两边，第一个候选人在左边，第二个在右边，第三个又在左边，以此类推。左边的第一个名字是乔治·W. 布什（George W. Bush）。你想选他的话就打第一个孔。布什的名字下面是艾尔·戈尔（Al Gore）。但是如果你打了第二个孔的话，你不是把选票投给戈尔，而是投给了右边一栏的第一个候选人，保守派代表人物帕特·布坎南（Pat Buchanan）。

感觉晕头转向了吧，你不是少数。《棕榈滩邮报》后来估算大概有2800个戈尔支持者错投给了布坎南。雪上加霜的是，佛罗里达花了一个月一次又一次地重新统计选票，因为佛罗里达州的投票数会决定大选的最终结果。而棕榈滩郡的投票数会决定佛罗里达州的结果。布什以537张票的优势赢得了佛罗里达州。也就是说，乐普尔的设计把总统之位送给了乔治·W. 布什。

跟建筑和产品设计相比，平面设计给人感觉生命短暂、无足轻重。人们常说，文字排版再拙劣，也不会死人。不过这次，一次寻常的改动——给一张平常的政府选票排版——却影响了世界上亿万人的命运。这件事如此具有戏剧性，我把它做成了一张给美国平面设计协会的海报。

人类用文字和图像交流。好的设计师知道怎样让这些元素在沟通中变得有效。有时候这点非常重要。

(REPUBLICAN)
...ORGE W. BUSH - PRESIDENT
...CK CHENEY - VICE PRESIDENT

(DEMOCRATIC...
...GORE - PRESIDENT
...IEBERMAN - VICE PRESIDENT

...RRY BROWNE - PRESIDENT
...T OLIVIER - VICE PRESIDENT

(GREEN)
...LPH NADER - PRESIDENT
...NONA LaDUKE - VICE PRESIDENT

(SOCIALIST WORK...
...MES HARRIS - PRESIDENT
...ARGARET TROWE - VICE PRESIDEN...

(NATURAL LAW...

Desig

Progressive Architecture
International
Furniture Awards
May 14

NASA News for Now:
Space Planning
in Outer Space
June 4

怎样获得创意

纽约国际设计中心

对页图
我对此设计非常满意，迫不及待地回家给我太太多乐茜看。

她问我"这是谁画的？"我说："我。""那么，"她说，"你准备找谁画？"

虽然没有预算，我最后还是坚持用了我自己的小涂鸦，因为我相信我的创意非常棒，执行粗糙一点但瑕不掩瑜。直到今天，这个设计还是我出道前10年作品中我最喜欢的。

上图
我模仿马西莫·维奈里的风格，我认为大家分不清我和马西莫设计的作品。顶图是马西莫设计的海报，下面的一幅是我设计的。

我为马西莫·维奈里工作已经4年了，每天都在钻研我所认为的"马西莫风格"：为数不多的许可使用的字体、两三种鲜艳的颜色、粗细线条之类的结构元素，并将这些都安置在一个模组化的网格里。我很享受模仿，甚至以为马西莫也难以分辨我的作品和他的作品，并在这种错觉中洋洋自得。现在他把一个大项目交给我了，是为一个叫纽约国际设计中心的大型家具展览区做设计。我们一开始就商量好规则：字体用Bodoni，颜色用潘通的暖红色。只要我保证这两项，其他的都由我决定。

跟我对接的是一个年轻有为的市场经理芬·马里斯（Fern Mallis）。这位语速过人的纽约客是我最喜欢的客户。他请我设计将要举办的两次活动的邀请函：一个试验性家居的展览，还有一场美国航空航天局NASA科学家讲飞行器内装设计的讲座。我正在兴高采烈地（用Bodoni字体和潘通暖红色）设计两张邀请函的时候，我的电话响了。

是芬的来电。"很遗憾我们的预算变少了，所以我们只能做一张邀请函了，你有办法把两张结合一下吗？""这怎么可能？"我脱口而出。两个主题根本风马牛不相及：茶几和外太空。这么做的话一个活动都没人来。而且，我对我已经完成的设计还挺满意。

芬不肯让步。我挫败地挂了电话。甲方！能不能让人省点心，这样无理的条件还让人怎么工作？他们想要什么，难道是这么个东西吗？几乎想也没想，为了显示他们的要求根本是不可能的任务，我画了一个图。从一边看，是一个桌子上面摆了一束花。转过来看，是一个火箭。我意识到这幅画就是在寻找的答案。

就像我为这个客户所做的所有其他设计，这张邀请函也用了Bodoni字体和潘通暖红色。但是其实人们并不在意字体和颜色。这些都只是一样东西的载体——创意。我的画，虽然很粗糙，却是一个创意，一种让人惊叹、注目和愉悦的东西。在涂鸦的那一刻，我意识到内容比形式更重要。

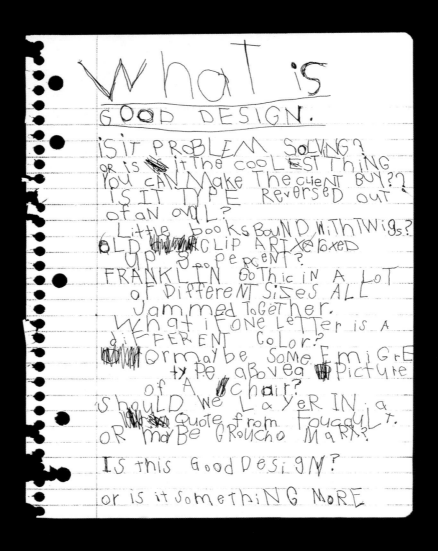

CALL FOR ENTRIES
THE FIFTEENTH ANNUAL AMERICAN CENTER FOR DESIGN
ONE HUNDRED SHOW

ALEXANDER ISLEY, JILLY SIMONS, ERIK SPIEKERMANN, JUDGES
MICHAEL BIERUT, CHAIR

ENTRY DEADLINE: MAY 1, 1992

怎样超越风格

美国设计中心

对页图
大人们觉得他们能够模仿孩子的笔迹。

算了吧。美国设计中心已经不在了，但是我的女儿伊丽莎白还跟我们在一起。

她现在在曼哈顿当律师，完全不记得曾为这张海报写过字。

设计圈里谈到风格的时候，一般总是带着不屑。多数设计师宣称他们"没有风格"，每个新的项目都用新的手法。人们认为原创的作品因为被模仿而渐渐堕落成为"风格"。肤浅的美工因为只是在倒卖风格而被人批评。

但是在所有艺术活动中风格是无法避免的，尤其是在平面设计中，多数项目几乎对功能性没有要求。一张名片需要字体可读，大小能放进钱包里。除此之外，字体、颜色、排版、材质、制作工艺，这些决定都可以说是任意的，或者说是"品位问题"。可是你要是问一个设计师最后一次开会变成品位争论是什么时候？很有可能答案会是昨天，而且经历很痛苦。

在20世纪90年代初，我在马西莫工作室工作了十年，我急切地想找到自己的声音，但是却不知所措。设计界正在发生巨变——从Emigre的大胆文字设计，到Cranbrook和加州艺术学院的试验创造。我一直在为风格的不可突破而闷闷不乐。反讽的是，在我痛苦寻找突破的时候，竟然被邀请成为美国最前沿的（和流行的）设计竞赛——美国设计中心的"100展览"的一员，还要设计这次比赛的发布邀请单页。不出所料，我病了好几周。美国设计中心的工作人员有点慌了，开始怀疑我是否能担此重任。最后，他们请我至少写一下单页背面的致辞。我给他们写的东西更像是躺在精神分析师沙发上引导出的意识流。他们觉得不错，建议我不如就把这些话放在正面。啊，纯文字设计。

可是用什么字体呢？这是问题的核心。我应该追随潮流用一种新设计的残破字体（grunge font）吗？还是跟现代主义者坚守阵地用Helvetica？还是保守一点用Garamond三号？在最后一刻，我突然灵光一现。我把文章一个字、一个字地念给我4岁的女儿伊丽莎白。笔画中的天真无邪完全击败了内容中的那种带着疲惫的愤世嫉俗，让我最终获得自由。

怎样做没有logo的视觉识别

布鲁克林音乐学院（BAM）

当美国持续开放历史最悠久的表演艺术中心——布鲁克林音乐学院在60年代举步维艰的时候，它被年轻的视觉艺术家——哈维·李奇登斯坦（Harvey Lichtenstein）拯救了，他把这里变成了世界前卫艺术的中心。李奇登斯坦策划的"下一波艺术节"（Next Wave Festival）从曼哈顿的手中夺走了进步艺术的旗帜，开启了布鲁克林无法阻挡的至今还在继续的复兴进程。

1995年，在为"下一波艺术节"的视觉设计做了多年的尝试之后，BAM想让我们做一个成套固定的方案。（理事会成员，菲利普莫里斯公司多年的市场总监，比尔·坎贝尔说："万宝路牛仔不能老是换人。"）从现在起，他们想让从单页的海报，到36页的订阅杂志，到小幅面广告的所有东西都有BAM风格。但是他们就是不想要一个logo。

我受到战后的传奇广告艺术指导赫尔穆特·克朗（Helmut Krone）的启发。他说："我一生都在和logo做斗争。logo会告诉你我是广告，翻页吧。"他通过独特的视觉手段和毫不收敛的展示为客户创造出让人记忆深刻的视觉识别。比如他给大众汽车做的著名案例。用Futura字体再加上大量的留白，这种组合他最早于1959年的"往小处想"（Think Small）广告中使用。我就想也只用一种字体：实力派的News Gothic，不过处理一下，给它切个边，有种页面都放不下的感觉。就像我给哈维和他的同事卡伦·布鲁克斯和乔·梅利洛解释的那样：象征着BAM在跨界，一个舞台无法容纳的意思。另一方面，这样做也很经济，让我们在2英寸（5.08厘米）高的空间里能用4英寸（10.16厘米）的字体。就好像从你卧室的窗户里瞧见金刚的巨大眼睛。就算你不能看到它的全身，你也能感觉到它有多大。

"下一波艺术节"的新视觉标志在1995年推出了。大标题独特的视觉形式［被BAM的建筑顾问休·哈代称作"美膳雅文字"（Cuisinart Typography）］一开始让人很不适应。但20年之后的今天，它已经与BAM不可分割了。

对页图

创立于1861年的布鲁克林音乐学院，在早期曾经有像恩里科·卡鲁索、莎拉·伯恩哈特、伊莎多拉·邓肯这样的音乐家演出。100年之后，哈维·李奇斯坦在这里为另类的演奏家罗伯特·威尔森、飞利浦·格拉斯、皮娜·鲍什和彼得·布鲁克提供了他们在美国的首个大型演出场地。

后页跨页图

通过对News Gothic字体的别致处理，我们创造了一种不出现logo也能马上看出这是BAM的视觉风格。凑巧的是，这个字体是由莫里斯·富乐·本顿于1908年设计的，也是在这一年，BAM的歌剧院开放了。

左下图
让印刷厂制作文字从下面出血的杯子比想象中要难：他们不敢相信你要把它们印"坏"。

右下图
把一只手装在一个电动节拍器上，我们想把"Next Wave"的双关意味做得更明显一点。（译者注：wave 可以指波浪，也可以指挥手。）

一个博物馆找设计天才蒂博尔·卡尔曼（Tibor Kalman）设计一套视觉识别。他没有设计一个logo，而是递给了客户一本字体样本册，然后让他们挑一种字体。他说，反复使用这一种字体，只要时间够长，你们就有视觉识别了。他是对的。我相信对于品牌识别来说，最重要的是一致性（consistency）。一致性不是同一性（sameness）。同一性是静态的、没有生机的。一致性能够适应变化而充满生命力。只使用一种字体的BAM可以说是一致性的代表。

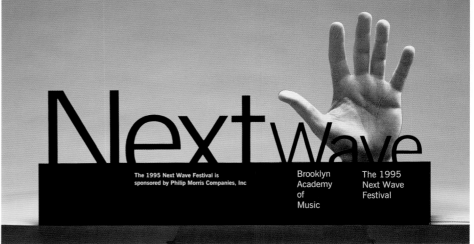

左上图
1999年李奇登斯坦退休的时候，BAM的美琪剧院（The Majestic Theater）更名为哈维剧院（Harvey Theater）。

左下图
就连BAM洗手间的标志都被裁掉了。

下图
在抵制了好几年以后，我们最终用BAM的标志性字体做了一个logo。设计师艾米丽·海斯·坎贝尔（Emily Hayes Campbell）设计的应用手册只有6页，至今仍被严格遵守。

后页跨页图
当代风格的字体遇见古典风格的建筑。

怎样做没有logo的视觉识别　　49

pera

怎样创造一个永恒的小镇

佛罗里达州，塞拉布雷逊

对页图
我们的设计遍布塞拉布雷逊，连一些不被人注意的东西都是我们的设计，比如说井盖。

上图
沃尔特·迪尼（Walt Disney）想要在佛罗里达州中部建造一个乌托邦小镇的梦想，在1982年以"未来试验样板小区"（The Experimental Prototype Community of Tomorrow）的形式变成现实。在数年后，基于迥然不同的理论思想的塞拉布雷逊破土动工了。

如果你在佛罗里达州中部沿着州际4号公路往南开，上192号州道，然后在一个很长的白色栅栏右转，你就会进入另一个世界。街道两旁是带门廊的老式房子。小镇中央的主街规模也不小，两旁都是各种小商店。公园和学校都在步行到达的距离内。这地方跟包围着它的那个停车场和库房的世界完全不同，它的历史不过20来年。这里就是佛罗里达州的塞拉布雷逊。

20世纪90年代初，迪士尼公司决定用他们在游乐园周围购置的5000公顷地做点以前没做过的事情——住宅开发。CEO麦克热·埃森纳对设计很有热情，并找来了建筑设计师罗伯特·A. M. 斯特恩（Robert A. M. Stern）和杰奎琳·罗伯逊（Jaquelin Robertson）来负责规划。他们提议做一次新城市主义（New Urbanism）的大规模试验，也就是说，要规划一系列小型的多用途的社群，类似100年前的那种小镇。传统样式的住宅之间是世界知名建筑师设计的公共建筑：飞利浦·约翰逊设计的镇公所，迈克尔·格雷夫斯设计的邮局，还有罗伯特·文丘里（Robert Venturi）和丹尼斯·斯科特·布朗（Denise Scott Brown）设计的银行。

我们的任务是负责设计镇上所有的平面设计：路牌、商店招牌、公共高尔夫球场上球洞旁的指示牌，甚至还包括井盖。真实性（authenticity）是一个很麻烦的问题，特别是对平面设计师来说。我们既是形式的创造者也是信息的传达者。这意味着设计师需要熟练掌握通用语言（common language），也就是一种操控在大范围内被理解，哪怕是在潜意识里被理解的元素——字体、颜色和图像。飞机场的标牌和小镇街边的路牌看起来不同是有理由的。这些设计做出来以后，7500个人在生活中每天都要面对。这是一个很大的挑战。我们在塞拉布雷逊的任务是把我们的设计融入环境中去。

我跟很多理想主义的团队合作过，但都没法跟塞拉布雷逊的团队比。我们在创造一个新世界，这让人非常兴奋。今天这个小镇已经不那么新了。实际上它越老，我越喜欢。

下图

城镇是没有logo的，但是它们可以有图章（seal）。五角设计公司的特雷西·卡梅伦设计的这个图章意在让人想起经典的美国小镇。这个图章还做成了一块表，每分钟小狗就超过骑自行车的小女孩一次。（见对页右下图）

对页右下图

我们的设计最后需要让一些世界建筑设计大师审核：罗伯特·A. M. 斯特恩、罗伯特·文丘里、丹尼斯·斯科特·布朗、西萨·佩里、迈克尔·格雷夫斯、飞利浦·约翰逊等。我们的运气不错，小镇图章设计提案中用的 Cheltenham 字体是一名叫伯特伦·古德休（Bertram Goodhue）的建筑师在1896年设计的。这种字体经典但不做作，又有多种字重和版本。我们在设计中大量使用，无论是招牌、指示牌还是小镇入口处，都围着40英尺（约12米）高的参天橡树金属栅栏装饰。

54　怎样用设计改变世界

佛罗里达州，塞拉布雷逊

怎样创造一个永恒的小镇 55

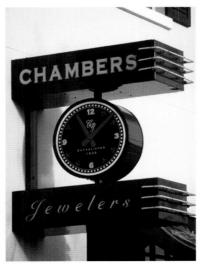

佛罗里达州，塞拉布雷逊

对页上图

我们的设计还包括了塞拉布雷逊购物区中心的喷泉,这些指向性箭头把这里和世界联系起来了。

对页下图

在小镇的基础设施设计一致性的基础上,叠加着的小镇零售店有着各式各样的招牌。路牌和井盖都具有统一的视觉语言,商店招牌的设计从包含了霓虹灯、木刻、马赛克等形式的美国乡土招牌设计(American vernacular signage)中获取灵感。

右上图

小镇的电影院是西萨·佩里对美国摩登主义的一次当代实践。这个标志性建筑物的两个旗杆上飘着小镇的名字。

右下图

为塞拉布雷逊公共高尔夫球馆做平面设计比设计镇徽困难多了。过了好久我才发现这是因为我们的客户都不是梳着马尾辫骑着施文自行车的小女孩,但是他们中多数都是热衷于高尔夫球。高尔夫球馆标牌上的人物剪影,在多个老板开会时给我们亲身展示了他们正确的挥杆姿势后,经历了无数次修改后完成的。

后页跨页图

讽刺的是,一个庆祝平民阶层的小镇竟然没有 Main Street(主街)。因为奥西奥拉郡已经有叫这个名字的街了。这里的中心大街叫庆祝大道(Celebration Avenue)。

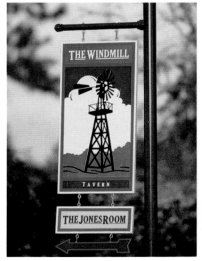

怎样创造一个永恒的小镇　57

TON AVE

PARALLAX

怎样免费工作

视差剧院

对页图

维克多·达尔托里奥的剧院叫视差剧院（Parallax Theater）。我从来没问过他为什么剧院叫这个名字，他也从来没问过我 logo 为什么设计成那个样子。

维克多·达尔托里奥是我高中时期学校里最好的演员。学校只要有戏剧演出就一定有他，即使不是主角，也是里面最夸张的角色：《彼得·潘》（Peter Pan）里的铁钩船长，《浮生若梦》（You Can't Take It with You）中的波利斯·克雷科夫，《第十二夜》（Twelfth Night）中的马尔瓦里奥。

大学毕业以后，我刚开始从事平面设计的时候，他到纽约来寻找演戏的机会。不久我接到他的电话。"嗨，麦克？"（只有我家里人还有很早认识的老朋友才叫我麦克。）"我们有个新剧，你能做张海报吗？"我答应了他。他说他们没什么钱。我说没事儿。

维克多结果还是没能成为大红大紫的明星。但是他成了一名受人爱戴的老师，有时候也当导演。刚开始在纽约，后来在芝加哥，最后在洛杉矶。他的海报我都是免费设计的。网上到处都在声讨免费工作的罪恶。我很喜欢免费工作，特别是在我与维克多之间的那种默契之下。

首先，这活儿很好玩。维克多会用两句话给我解释这个剧，然后发给我海报文案。他的解释总是那么生动又有启发性，文案也总是很完整而且没有错字。第二，收到我的设计以后，他只问一个问题："我该怎么感谢你？"最后，他从来没有跟我许愿说带我到首演见明星或者以后给我介绍赚钱的活儿。我想作为一个演员，他明白很多客户不明白的事情：对于一个创意者来说，真正的回报就是工作本身。每次接到维克多"嗨，麦克？"的电话，对我来说都意味着我又有了一次全力以赴的机会。

令人悲伤的是，我再也不会接到那样的电话了。维克多在 2009 年英年早逝了。

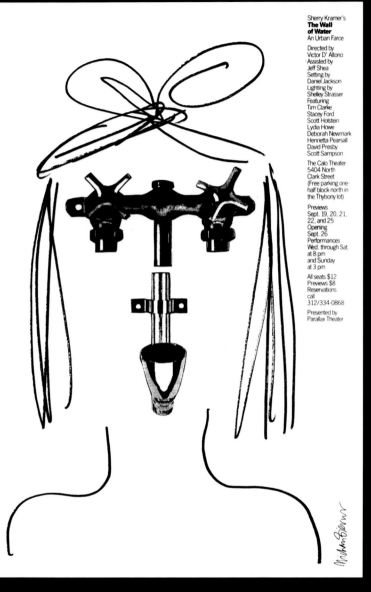
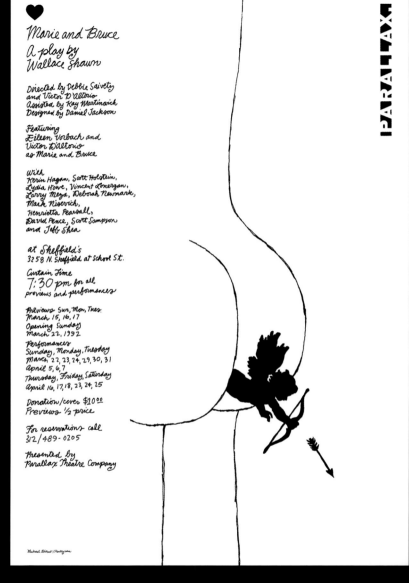

上图

《水墙》(The Wall of Water)讲的是四个熟人住在一个只有一个卫生间的小套间里,然后

上图

华莱士·肖恩的《玛丽和布鲁斯》(Marie and Bruce)是在舞台上演出过的关于非常关系

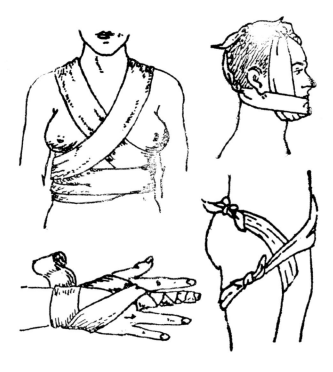

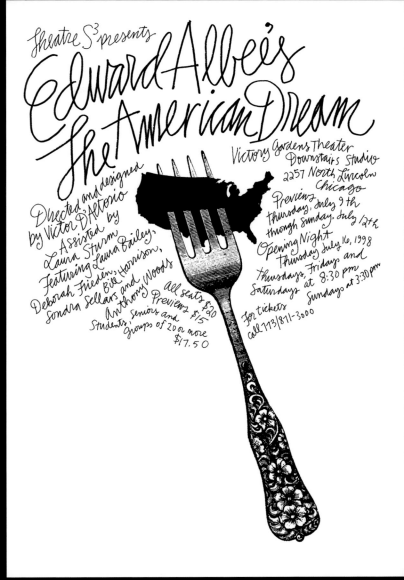

上图

不知道为什么,维克多推出的作品很多都围绕着破裂的关系或者互相伤害的主题,包括山姆·谢波德的这部《痴心汉》

上图

在爱德华·艾尔比的这部经典剧目中,美国对消费的痴狂"遇见"了对身体残害的暗示。剧名《美国梦》(The American

Design by Pentagram

Parallax Theater presents

TheBabysitter

A short story by Robert Coover.
Designed and directed by Victor D'Altorio.
Adapted by Victor D'Altorio and Henrietta Pearsall. Lighting by Rand Ryan.
Performed by Keith Bogart, T. L. Brooke, Winifred Freedman, James C. Leary, John Eric Montana, Rhonda Patterson, Henrietta Pearsall & Darin Toonder.
McCadden Place Theater at 1157 North McCadden Place, one block east of Highland between Santa Monica and Fountain.
Thursdays, Fridays & Saturdays at 8pm. Previews Thursday, January 6,7,8,13. Opening night Friday, January 14, 2000.
All seats $20, previews $14. For tickets 323/960-7896.

怎样筹到十亿美元
普林斯顿大学

上图
筹款项目启动的那天，纳索堂（Nassau Hall）的正门两边挂上了巨型的橘底黑字的条幅。纳索堂正是校歌的主题。

对页图
在普林斯顿校歌歌词里找到了这次有史以来最大筹款活动的口号："同心协力"。

在五角设计公司工作了几年后，有一天，我以前的一个客户，乔迪·弗里德曼给我打了一个电话。她刚换了新工作，回到她的母校普林斯顿做"拓展沟通"（development communications）。她说他们马上要开展一个资产活动（capital campaign），问我有没有兴趣参与。

我不知道"拓展沟通"是什么，也不知道"资产活动"是什么，而且我也没去过普林斯顿。乔迪耐心地跟我解释说其实简单说就是筹款。我有点更不安了。一直以来我的工作模式跟水管工差不多："客户告诉我要做啥，我告诉他们要多少钱，客户同意，我干活儿，客户给钱"。只需要张嘴就能赚钱的想法对我来说简直是天方夜谭。

私底下，我害怕踏入未知的领域，而且必然会遇到高智商高学历的人，这也让我恐惧。我试着推掉，但是乔迪很执着。我答应了，这次经历让我学到了一点：去做你不会的事情是成长的最好机会。我在普林斯顿的客户是极佳的向导，把我带进了大学筹款的神秘领域。我们订好了主题和视觉元素。我做了一些颇具新意的设计，不是因为我大胆创新，而是因为我不知道一般这些东西是什么样的。因为对筹款的礼仪不熟悉，校友们觉得我在设计中表现的是一个真诚地寻求支持的他们记忆中的普林斯顿的形象。他们被打动了。当然经济也很景气。筹款的目标是 75 万美元，结果筹到了 12 个亿。

形式完全依附于内容的平面设计，是了解世界的极佳途径。不同的项目让我去过微生物学家的实验室，也去过专业橄榄球运动员们的更衣室。我对主题感兴趣的时候就设计得最好，所以我让自己变得尽量兴趣广泛。

上图
五角设计公司的丽莎·切尔韦尼设计的这本小书里使用了在校园的奠基石、路牌等各处找到的"1",预告即将开始的筹款活动。

上图
普林斯顿大学毕业的比尔·德伦特尔和他的伴侣史蒂芬·道尔将 Baskerville 定为学校的官方字体。

左上、中、下图

三本平实的黑白印刷的小平装书，取代了20世纪90年代筹款时寄给校友的那种豪华厚重的精装书。《育人》（Teaching）主要介绍了校园里受人爱戴的教授，呼吁大家支持教员。《求知》（Learning）介绍了五名学生一天的生活，申诉奖学金的重要性。《建设》（building）一册里是正在参与学校新建筑建设的著名的建筑师的访谈。

上图

在全美各地召开的筹款活动的启动仪式上把视觉识别变成了庆祝盛典。一个巨大的三维的"ONE"跟着学校的合唱团巡回各地，骄傲的校友们都争相合影。

怎样赢得一场势均力敌的比赛

纽约喷射机队

对页图
纽约喷射机队是世界上唯一用人工草皮当视觉识别指导手册封面的组织。

上图
原来的标志是20世纪60年代初做的一个不怎么好的商业设计。能不能把它更新但是又要保持原样。

2001年，我接到了纽约喷射机队主席杰·克罗斯的电话。他应该是体育管理界唯一有建筑和核工程双学位的人。他的项目带着条件。项目是更新球队的品牌形象。那条件呢？条件就是标志不能动。

纽约喷射机队是媒体时代的产物。1959年创立时叫纽约泰坦队（New York Titans），1963年更名并换了标志。6年后传奇四分卫乔·纳马斯（Joe Namath）率领喷射机队所向披靡，赢得了第三届超级碗联赛。这之后，喷射机队成了忠实粉丝的伤心之源，不断有新的球员和心直口快的教练加入，但再未出现过如1969年那样的辉煌。

可能平面设计里没有比设计球队视觉标志更会掺入感情的项目了。要是改了一个银行的标志，没人会注意到。要是改了橄榄球队的标志，设计师可能会收到恐吓信。纳马斯和队友穿去参加超级碗决赛衣服上的标志被认为是具有图腾式的神力（视觉识别是为数不多的迷信也可以当成商业策略的领域之一）。我们开始项目的时候，面对的是这个40年前由一个不知名的艺术家创作，而现在被封为圣物的标志。球队的名称用了一种字体，重叠在用了另外一种字体的纽约的缩写上，下面是一个小橄榄球，然后所有这些都被框在一个大橄榄球里，设计师把这种设计叫作"猫早餐"（Cat's Breakfast），这就是我们的原点。

结果我们发现虽然标志很乱，却成了各种灵感的源泉。球队名的四个字母可以衍生出一套字体。压在橄榄球上的NY字样成了一个易于辨认的备用标志。最后就连下面的小橄榄球也成了能被赋予生命的吉祥物。这个标志和新的颜色和几个视觉元素结合起来，给球队带来了新的形象。在十几年后的今天，球队还在使用。

以前随处可见的印刷版的视觉识别标准手册，现在已经基本上被线上工具替代了。但是印刷品，尤其设计简洁让人印象深刻的印刷品，所带有的那种权威感是网站所不具有的。这本展示喷气机队视觉识别的册子，用人工草皮做的封面让人没法不注意到。这样的设计意在介绍该球队，也给人启发。

下图

喷射机队在 1978 年更新过他们的标志——一个这里没有展示的流线型的版本。球迷们对那个版本持怀疑态度，甚至抱有敌对的情绪。20 年后，比尔·帕瑟尔思重新启用了原来的标志，以图让人感受到纳马斯时代的辉煌。这成了整个视觉系统不可思议的原点。

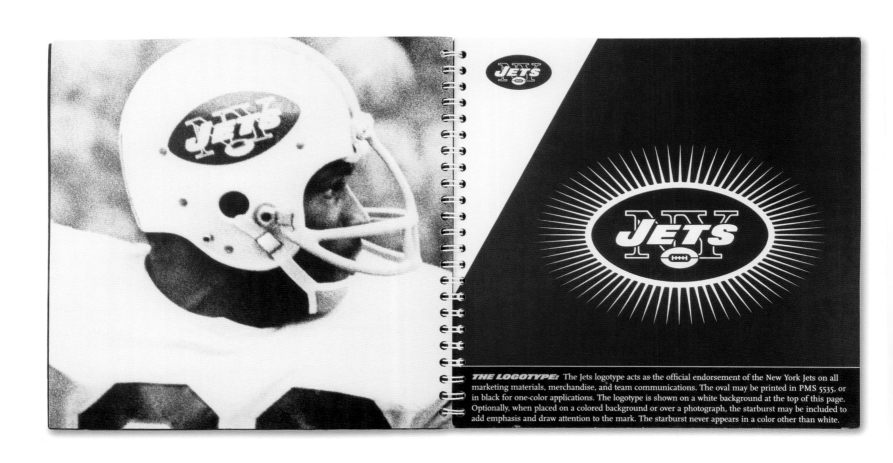

下图

字体设计师乔纳森·赫夫勒和托比亚斯·弗雷里-琼斯根据"J"、"E"、"T"、"S"四个字母设计了一整套字体。这种字体只有一个样式：超粗超斜体（extra heavy super italic）。

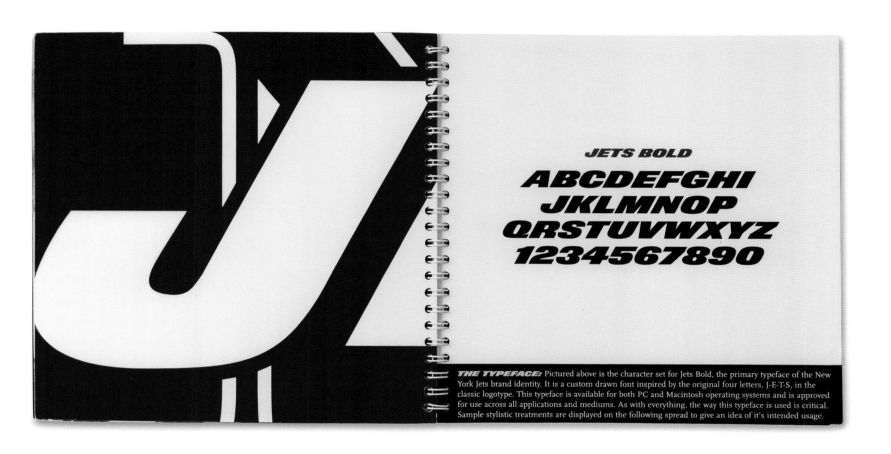

JETS BOLD
ABCDEFGHI
JKLMNOP
QRSTUVWXYZ
1234567890

THE TYPEFACE: Pictured above is the character set for Jets Bold, the primary typeface of the New York Jets brand identity. It is a custom drawn font inspired by the original four letters, J-E-T-S, in the classic logotype. This typeface is available for both PC and Macintosh operating systems and is approved for use across all applications and mediums. As with everything, the way this typeface is used is critical. Sample stylistic treatments are displayed on the following spread to give an idea of it's intended usage.

右图

新字体 Jets Bold（喷射机粗体）让所有单词看起来都让人有压迫感。乔纳森和托比亚斯开玩笑说，这个字体给迈克尔·贝的电影海报用简直完美。

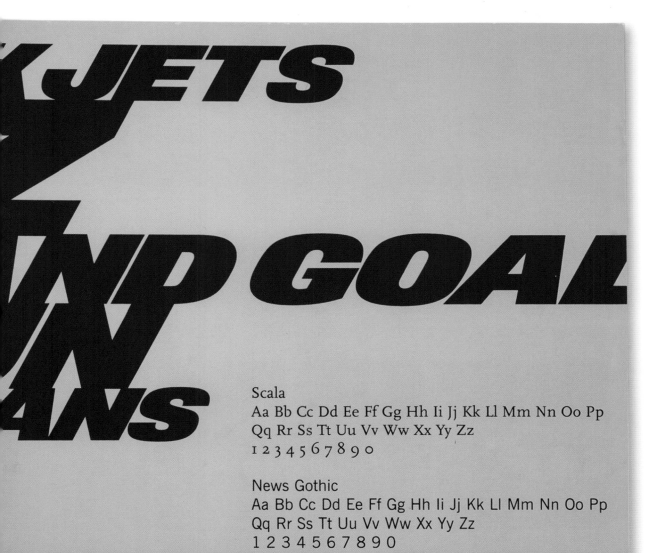

Scala
Aa Bb Cc Dd Ee Ff Gg Hh Ii Jj Kk Ll Mm Nn Oo Pp
Qq Rr Ss Tt Uu Vv Ww Xx Yy Zz
1 2 3 4 5 6 7 8 9 0

News Gothic
Aa Bb Cc Dd Ee Ff Gg Hh Ii Jj Kk Ll Mm Nn Oo Pp
Qq Rr Ss Tt Uu Vv Ww Xx Yy Zz
1 2 3 4 5 6 7 8 9 0

SUPPORTING TYPEFACES: As a complement and support to the primary typeface, two additional fonts have been specified. These supporting typefaces increase functionality and are intended for use at smaller point sizes. Do not use them in large headlines or titles. Scala is a good choice for body copy and longer narratives, such as in Jetstream, or the Yearbook. News Gothic works well for charts, statistics, and other technical applications. Bold and italic weights are also available within these font families.

后页左上图
球迷对颜色的计较程度与标志不相上下。我们谨慎地用了几种和球队原有的颜色组搭配的颜色。

后页左下图
喷射机队的标志没能像他们同城的对手一样强调球队非凡的发源地。为了弥补这点，我们设计了一个代用标志：大橄榄球形状里放了一个 Jets Bold 字体的"NY"。

后页右上图
设计师布雷特·特蕾勒发现标志里的小橄榄球看起来像是一个勇猛的前锋（lineman），然后一个新的吉祥物"赛面人"（Gameface）诞生了。

后页右下图
这个从单一源头衍生出来的品牌系统，在设计时就希望它在允许最大的多样化的同时，忠于球队的原有精神。

PMS 5535	Black	PMS 390	PMS 396	PMS 151	PMS Yellow 012
C66 M0 Y57 K82	C0 M0 Y0 K100	C30 M0 Y100 K0	C13 M0 Y100 K0	C0 M60 Y100 K0	C0 M0 Y100 K0
R7 G33 B19	R0 G0 B0	R196 G220 B10	R227 G242 B23	R254 G145 B27	R196 G220 B10

COLOR PALETTE: To add flexibility across multiple applications, our traditional green and white palette has been expanded to include other colors as well. Consistent color usage across the brand is maintained by following these rules: PMS 5535 should represent at least 50% of all applied color within any application. Up to 40% may feature PMS 390 or 396. Yellow 012 and PMS 151 should represent no more than 10%. Black, white, photography, and illustration are not calculated as part of applied color.

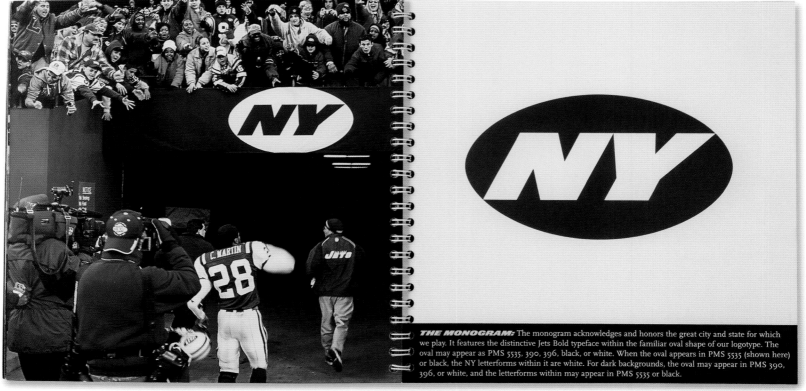

THE MONOGRAM: The monogram acknowledges and honors the great city and state for which we play. It features the distinctive Jets Bold typeface within the familiar oval shape of our logotype. The oval may appear as PMS 5535, 390, 396, black, or white. When the oval appears in PMS 5535 (shown here) or black, the NY letterforms within it are white. For dark backgrounds, the oval may appear in PMS 390, 396, or white, and the letterforms within may appear in PMS 5535 or black.

THE GAMEFACE: The closest thing to a Jets mascot, the "Gameface" mark represents the passion and fervor of our fans, players and coaches. It is derived from the little football shape that has long been anchored at the base of the New York Jets logotype. It may appear in PMS 5535, 390, 396, or black, but is most effective when the background is lighter in color than the mark itself. Showing the Gameface mark in white on dark backgrounds is not recommended.

EXPRESSIONS OF THE BRAND: Sample applications of brand identity elements and the guidelines defined in this manual are shown on this spread. As important as it may be to continuously find new and fresh ways to implement and expand the Jets brand, it is just as important to retain an element of continuity across everything produced, even when these items are made by different people in different parts of the world. Consistency is ensured when we work within the specifications of type and color, and when our marks and symbols are used where, when, and how they are intended. It is important to consider the medium in which the item is being produced and to be sensitive to materials and production processes. Variety and surprise can be achieved through the use of scale, style of photography and illustration, as well as meaningful and cleverly written copy. Paying equal attention to all of these should result in a consistent, but unique application of brand identity. This is how we build the Jets brand.

右图

喷射机队品牌的一个标志性的部分是听觉元素："J! E! T! S! JETS! JETS! JETS!"，这是每次比赛时都能听到的鼓舞士气的口号。这个口号的视觉化演绎成为品牌识别中的另一个重要元素。

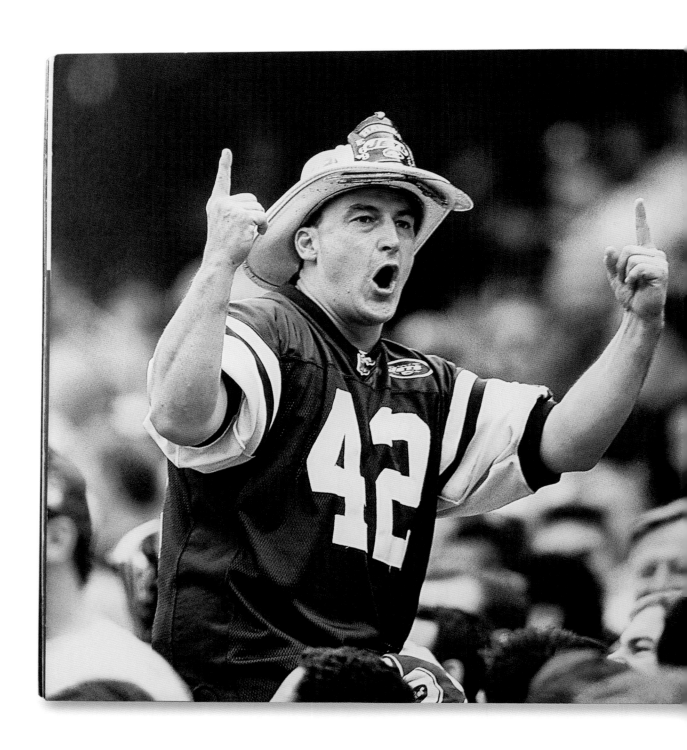

THE CHANT: Perhaps the most dynamic and inspiring element of the Jets personality is the Chant: J! E! T! S! JETS! JETS! JETS!... as shouted by thousands of Jets fans at our games throughout the country. So simple and authentic, the Chant unites entire stadiums in support for their team. A graphic treatment of the chant, in multiple colors and configurations, has been adopted as an official part of the Jets brand identity. Options and variations for Chant graphics are illustrated on the next spread.

(BAD)   (GOOD)

怎样做好
好餐厅

对页图
"好餐厅"的名字和标志体现了这个餐厅由咖啡因支撑的价值体系。

上图
得益于上镜的设计，有段时间这家餐厅成了全世界曝光最多的实惠餐厅之一。那段时间，会有访客打电话到我们公司问有没有导览参观，吉姆·拜博会直接回答"那地方 24 小时营业，不接受订座。它就是个小餐厅"。

谢尔顿·威尔迪格和埃文·卡其斯是很聪明的建筑师。20 世纪 80 年代末的经济萧条让纽约的建筑工程完全停滞了。因此，他们决定开家小餐厅。他们想开的不是一家豪华的高级餐厅，也不是复古诱人的 50 年代餐厅，也不是嬉皮酷炫、逆潮流的餐厅。他们就想开一家只用 4.99 美元就能买到两个蛋和培根、吐司的地方。地点就在第十一大道和 42 街的拐角处。谢尔顿和埃文想把网撒得很大："去环线（Circle Line）乘地铁路上的游客、去上早班的 UPS 卡车司机、酒吧打烊后回家路上的夜店青年都要来。"这家餐厅必须能吸引所有这些人。

我们的挑战是在几乎没有设计预算的情况下提供快餐样式的平民主义设计。首先要起个名字。我提议叫"泽西食堂"（Jersey Luncheonette），标志就是把新泽西州的轮廓放在盘子里，就像小牛排一样，结果被否定了。他们也不喜欢叫"西大荒餐厅"（Wild West Diner）、"夕阳咖啡"（Sunset Cafe）或者"终点站"（The Last Stop）。最后，我说要不然叫"好餐厅"（The Good Diner）。不是特别棒，也不是难以置信，就只是……好。标志的话，我们的合伙人伍迪·皮尔托画了一个带光环的咖啡杯。

我们把标志刻成了麻胶版（linoleum）铺在门口。我的合伙人吉姆·拜博（Jim Biber）开了好几家曼哈顿最棒的餐厅，他说其实餐厅的视觉标志不是设计出来的，而是从商品目录里"买"出来的。各种颜色的卡座和高脚椅他都买了下来。因为没有钱，我们用复印的厨房用具照片贴在墙上当装饰。只有看起来像奶昔容器的灯罩还有扶手例外，那是定制的。

我们同意用餐票代替一部分设计费，这是常有的事。在一周内吃了三回 4.99 美元的培根和鸡蛋后，我和吉姆意识到我们还没能把设计费都吃回来就已经因胆固醇过高而死了。

右上图

"好餐厅"是乡土设计(vernacular design)的一次实验。定制霓虹灯牌的时候,我们也没有发设计图,就在电话里跟厂家说第二行的字最大,第一行和第三行的字第二大等,颜色的话他们觉得怎么好怎么弄。虽然有点紧张,但是收到成品的时候我们都很满意。

右下图

中间有次客户有点犹豫,觉得这个稀松平常的名字是不是对于那些卡车司机顾客来说太弱了。我说"那,要不然叫'真好餐厅'?"我们还是保留了原来的名字。

上图

对于一家小餐厅来说,火柴盒就是年度报告、企业形象广告、60秒超级碗电视广告的三合一体。

最左图
为了体现豪华，我们把伍迪·皮尔托设计的标志刻成麻胶版铺在了入口处。

左图
连接柜台和大厅的楼梯扶手可以根据对食物的看法读成"GOOD"（好）或者"GOOP"（浆糊）

上图
很多空白墙面却没有预算买画，我们就把一些物件放在复印机上然后放大。这四幅图分别代表了四元素：风、水、火、土。可能没人会注意到。

后页跨页图
如果能用各种颜色的人造革，干吗只用一种呢？颜色的顺序是安装的师傅自己定的。

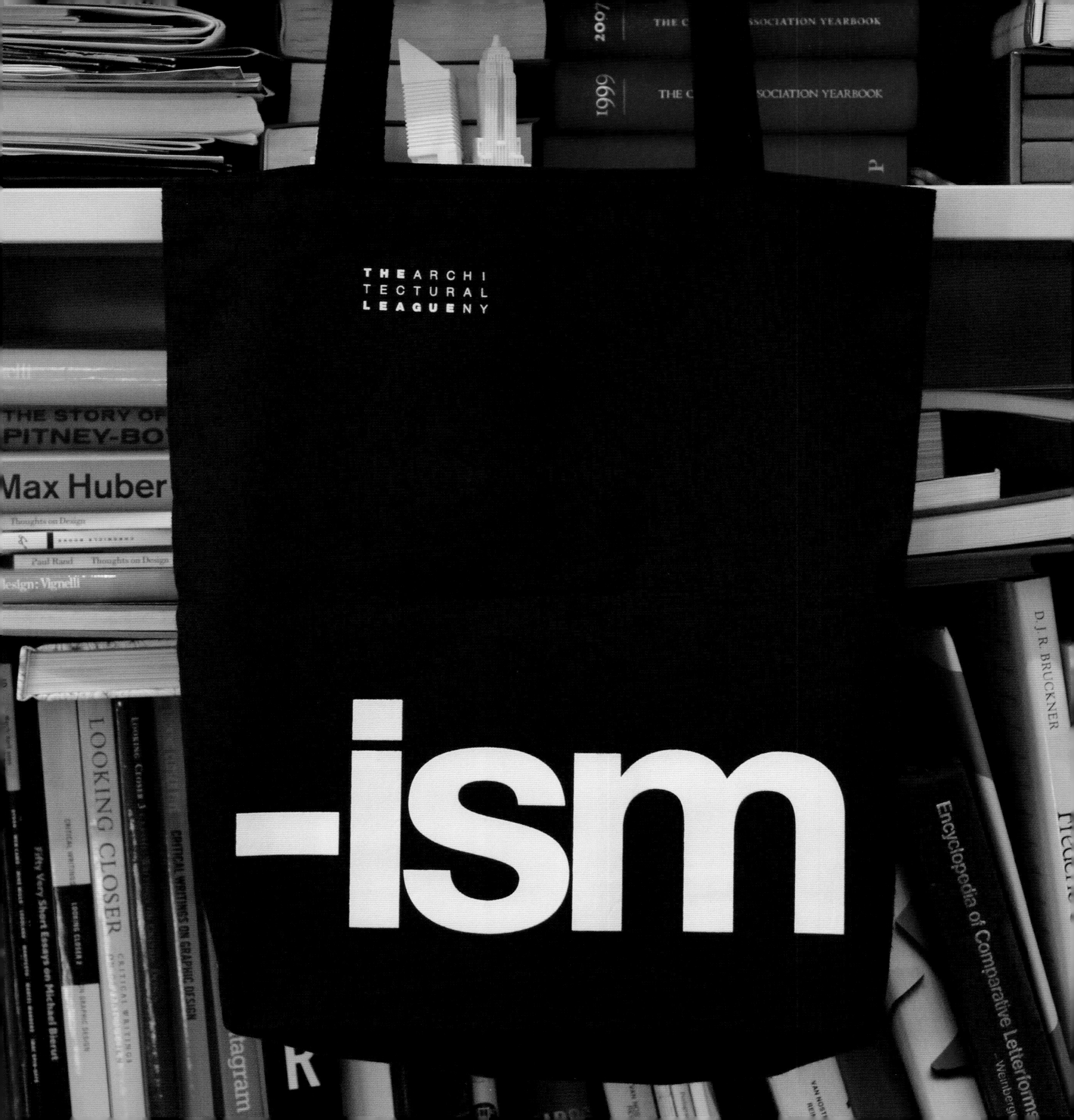

THE ARCHI
TECTURAL
LEAGUE NY

-ism

怎样跑马拉松

纽约建筑联盟

对页图

纽约建筑联盟每年主办的"学院派舞会"(Beaux Arts Ball)是一年一度建筑界的联欢派对。这个舞会每年都有一个新的主题。在2013年,我们用纯文字的方式处理了难办的"-ism"(主义)。

上图

纽约建筑联盟的原始纹章,在超过20年的时光里,我一直尽量避免改动它。

刚开始上班没几周,我的老板马西莫·维奈里把我叫到了他的办公室。我这个来自俄亥俄州的幼稚小孩都不太知道自己在干什么。马西莫和他太太蕾拉要去意大利一个月,让我接手他们在进行的一个纽约建筑联盟的项目。我挺喜欢建筑,但是我的建筑知识仅限于弗兰克·劳埃德·赖特和霍华德·洛克。突然间我在和理查德·迈耶、迈克尔·格雷夫斯、弗兰克·盖瑞通话,为联盟的年展找材料。我要开始受启发了。纽约建筑联盟(The Architectural League of New York)是我的研究生院。

旨在聚合建筑师和其他创意者的纽约建筑联盟于1881年成立,从一开始,领导层就包括了艺术家和各领域的设计师。作为理事会成员,马西莫·维奈里从一开始就成了联盟义务的平面设计顾问。作为马西莫的助手,我接手了为他们做(免费)设计的工作。10年后,我也被选为理事会的成员。二十几年过去了,我还在为他们干活儿。这次马拉松式的合作是我职业生涯中延续最长的关系。

设计师们经常被一些组织要求做视觉图像。我们从外部进去,熟悉一下情况,然后尽量给出好的建议。作为外部的顾问,我设计一个让别人执行的标准体系,然后就只能祈祷我离开之后他们能把事情做对。为联盟工作了一年又一年,我开始体会到在内部工作的乐趣。没有正式的视觉标准,只有一个无时无刻不在变化中的组织的形象。多年来,我都抵制设计标志,把每个项目都当成是一次拓展联盟视觉形象的机会。经过长时间的积淀,某种模式开始显现出来,所以最后我们还是设计了一个标志,但是每个新的项目还是一次最好的(也是最可怕的)挑战:如果你想做什么都可以,你会怎么做?

右图

在我帮纽约建筑联盟做设计的初期,我做了一些能当小海报的邀请函。这些是马西莫·维奈里首次鼓励我署名的作品。

对页图

为纽约建筑联盟设计当年的活动安排总是特别有意思。邀请全世界建筑界新秀们做的讲座"新声"(Emerging Voices)系列,从1981年开始以来一直持续到今天。这些讲座的海报是我向儿时痴迷的约翰·伯格(John Berg)和尼克·法西亚诺(Nick Fasciano)为芝加哥乐队设计的专辑封面的毫不隐晦的致敬。

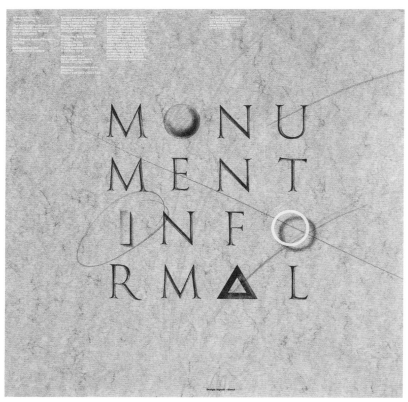

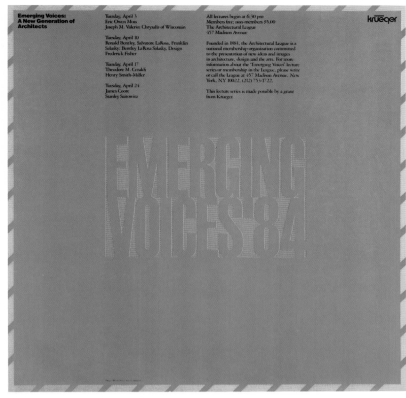

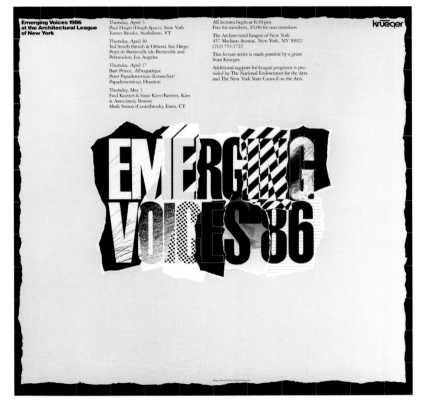

下图

"新声"讲座 30 年的积淀被我们设计成了一本 300 多页的书——《创意、形式、共鸣》。这本书见证了纽约建筑联盟找出将来会在世界舞台上大放异彩的年轻设计师的敏锐目光。这些人包括：布拉德·克洛普菲尔、詹姆斯·科纳、马里昂·维斯和迈克尔·曼弗雷迪、泰迪·科鲁兹、SHoP 以及简尼·冈。

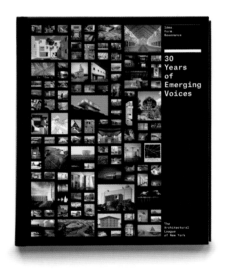

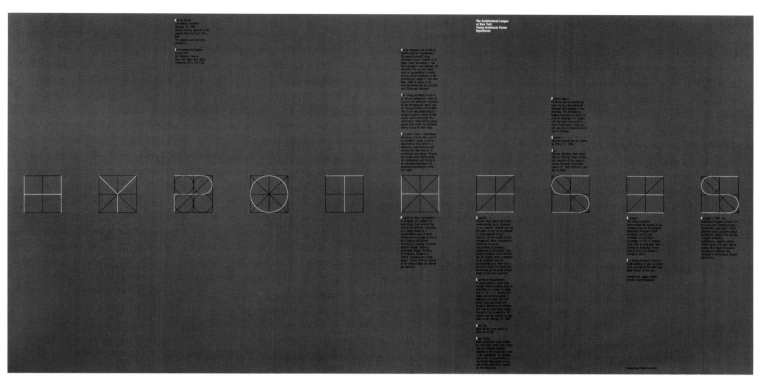

左图

从20世纪80年代开始,和我对接的是联盟的执行总监罗萨莉·杰奈夫洛和项目总监安·里瑟尔巴赫。现在我们几乎都能心灵感应了。可是他们还是否掉我很多方案。联盟的新锐建筑师竞赛每年都换一个主题。我那时候会很痛苦,但这是我们珍贵的合作关系的一部分。我记得1987年的主题"桥梁"就挺烦的。

右图

这张为 1999 年的竞赛设计的海报很直接地表现了"体量"（Scale）这个主题。在今天这样重视环保的数字时代，这张巨大的海报可能不会实现。

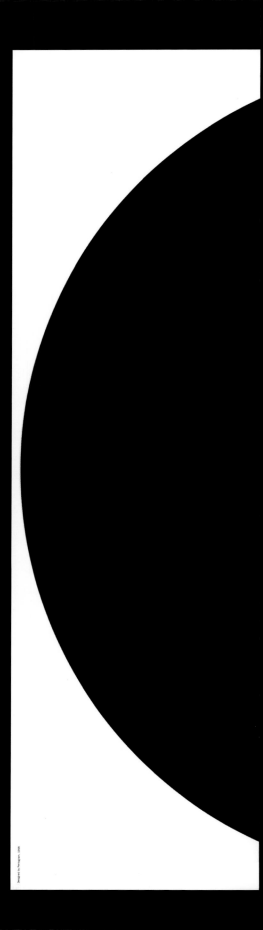

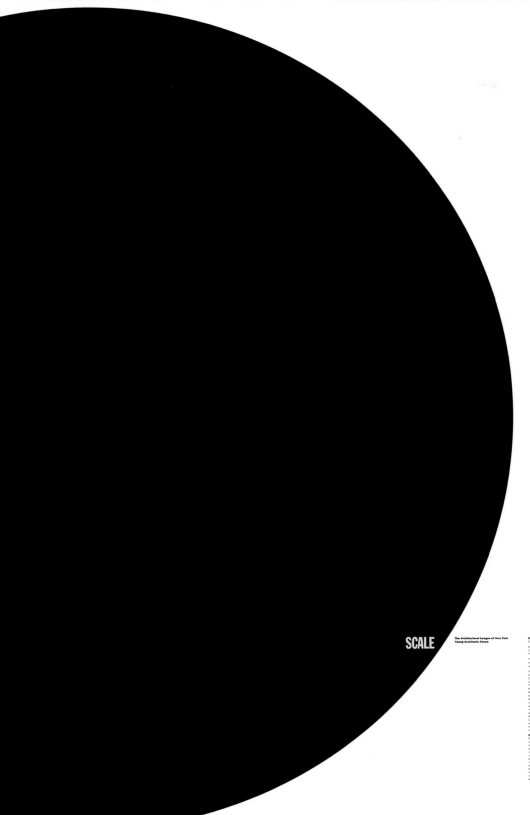

下图

联盟搬到 Soho 的新办公室的时候,我们做了这张海报向保罗·索勒瑞的《理想都市》(Visionary Cities)致敬。

下图

"学院派舞会"对于任何紧跟时代潮流的纽约设计师来说就是他们社交日历上的亮点。2006年的主题是"点点点"(Dot Dot Dot),字体是专门设计的。

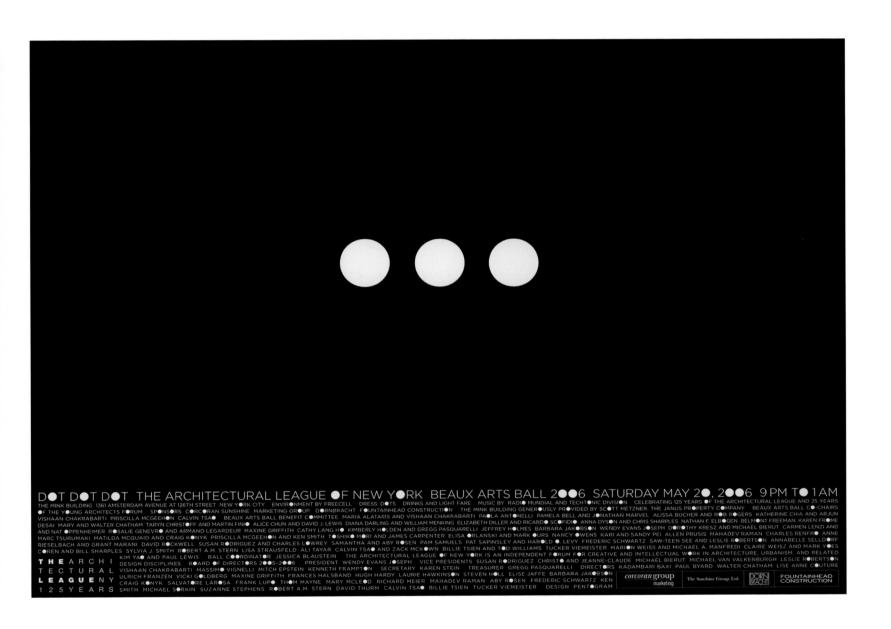

右图
1999 年舞会的海报成了联盟最具代表性的图像。

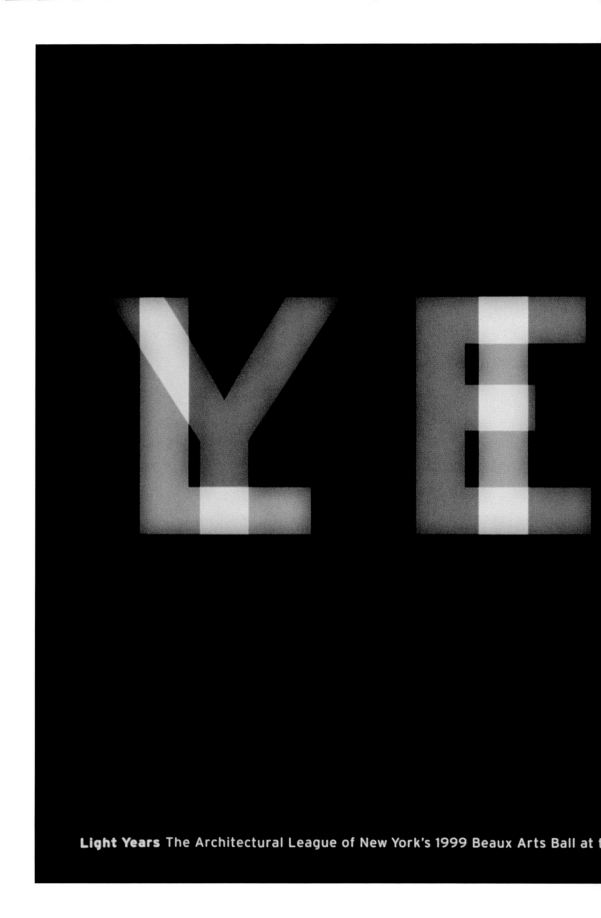

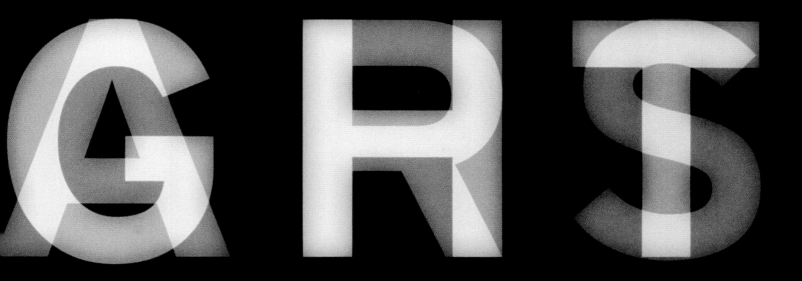

tt-Lehigh Building, Saturday March 13, 1999. For tickets please call (212) 753 1722. Corporate Sponsor **Artemide**

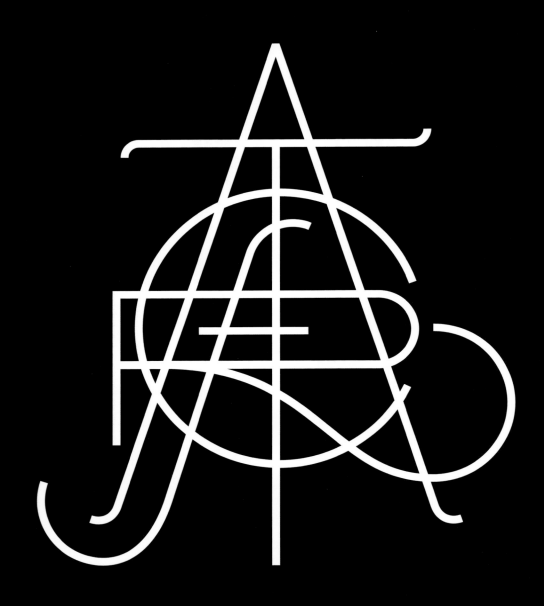

对页图

2014年的舞会在极其华丽的布鲁克林的威廉斯堡储蓄银行举行。主题是"工艺",使用了一个几乎过于巴洛克的纹章来突出。

右图

有很多年我都觉得纽约建筑联盟的标志无足轻重,那些有视觉张力的海报的传达比任何标志都更有力。但是这些都随着数字传媒和社交媒体的出现而改变了。因此,我们设计了一个把联盟的简称(The League)嵌入正式名称里面的纯文字标志。

上图与右图

在 2011 年,马西莫和蕾拉被联盟授予极高的荣誉——主席奖章。我们在设计日程安排时放了五句维奈里的话,自然是用 Helvetica 字体排的。没有折页裁断的印张成了一张非正式的海报,也是我向这个用他的慷慨改变了我人生的人致敬的方式。

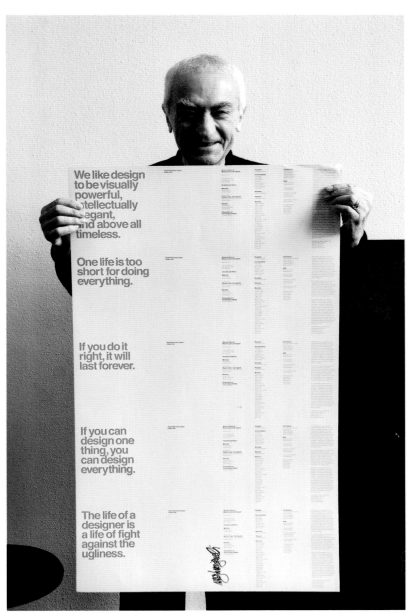

怎样跑马拉松　99

怎样避免落入俗套

明尼苏达儿童博物馆

对页图
德鲁、丽兹和玛莎·贝鲁特为儿童博物馆的视觉识别当模特。自己有孩子帮助我了解怎样为孩子做设计。

上图
名片提醒工作人员他们的博物馆真的是一个可以动手的地方。

摄影师朱迪·欧劳森找了附近的小孩当手模。

平面设计师对于"俗套"（cliché）总是爱恨交织（"爱恨交织"本身就是一个用烂的俗套）。在设计学校里，老师告诉我们设计的目标是创造新的东西，但又不是全新的东西。一罐意大利面酱要从竞争中脱颖而出，但如果它外观太特别，比如说，看起来像一罐机油，消费者一看就会很疑惑而敬而远之。所以每个设计方案都必须在舒适和俗套之间寻找平衡。五角设计公司的创始人阿兰·弗莱彻很敬重这种"把俗套运用得像打比喻般舒服"。

1995年，明尼苏达儿童博物馆要从一个购物中心里拥挤但温馨的空间搬到圣保罗市中心的一个由新锐建筑师朱莉·斯诺和文森特·詹姆斯设计的漂亮的新建筑里。由我们来设计标志和平面，而我们无可避免地落入一堆俗套——明亮的三原色、积木、气球、笑脸中……

对于设计来说，就像对于人生一样，僵化思考的抗体是经验。我们来抛开"儿童博物馆"这种抽象的概念。这家儿童博物馆有什么自己的独特之处？该馆充满活力的馆长安·比特，向我们说明了她的期待，也倾诉了她的担心。她说，新的建筑是很漂亮，不过她很担心访客们会失去旧馆习以为常的那种亲近感。就像其他儿童博物馆一样，这里也提供"动手的机会"（又一个俗套），但孩子们在这么庞大、漂亮、全新的建筑里会舒服吗？

有时候避开俗套意味着要拥抱俗套——然后把它打倒在地上。孩子们的手，天然带着与触摸的联系，并且其中隐含着比例感，这是设计的突破口。我们放弃了用手绘（或手影，或蜡笔涂鸦），我们请来当地的孩子们当手模，然后拍摄了他们用手指东西、数数和玩耍的场景。今天，这些现在应该已经二十几岁的孩子们的手，还在指出期望和惊喜之间的微妙途径。

左图
博物馆没有做标志，而是把二十几张儿童的手的照片排列组合。

右图
这个顶着钟的手的雕塑，既是一个集合点也是对主视觉元素的一种强调。

右图
在决定用手作为主题以后，我们发现幸好这栋楼只有五层，而不是六层。

下图

这些儿童的手在整个建筑的各处做导览,不但给人以大小比例的参考,在洗手间的指示牌上还表现出一种幽默感。

上图

到观众席的门上有一张巨大的票,一推开门,票就从中间"撕开"了。

后页跨页图

在博物馆盛大开馆的时候,我们把视觉识别与建筑结合起来,颂扬了博物馆的观众。

怎样避免落入俗套 103

It is five minutes to midnight.

怎样避免世界末日

原子科学家公报

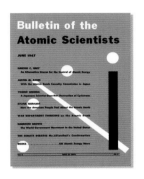

上图
这个钟的原形是风景画家马蒂尔·朗斯多夫（Martyl Langsdorf）创作的。她为1947年《原子科学家公报》的创刊号创作的插图带着一种超越国界的强大冲击力。

对页图
我们设计的《原子科学家公报》的年刊宣布了末日时钟（Doomsday Clock）的指针位置。指针的位置代表了数十位专家对现在世界状况的判断。

20世纪最具冲击力的信息设计是一位风景画家设计的。1943年，核物理学家小亚历山大·朗斯多夫被请到芝加哥，与其他几百位科学家一起参与一个机密军事项目：原子弹研制的竞赛。他们为曼哈顿计划所做的研究创造出了投在了广岛和长崎的原子弹，从而结束了第二次世界大战。但是朗斯多夫和很多他的同事一样，对战后的和平充满了不安。人类发明了一种能够使自己灭绝的手段，这意味着什么呢？

为了让更多的人认识到这个问题，朗斯多夫和其他科学家开始发行一种油印的简报，叫《原子科学家公报》(Bulletin of the Atomic Scientists)。1947年的6月，这份简报变成了一本杂志。朗斯多夫的太太是一位风景画家，她的作品在芝加哥的不少画廊都展出过。她自愿为公报免费设计创刊号的封面。其实能留给封面插图的空间并不多，预算也只够印双色的。但是她找到了解决方法，末日时钟随之诞生了。

对于核武器扩散的讨论既复杂又充满对立，而末日时钟把这些讨论的结果用一个极其简洁的视觉符号——结合了午夜的临近和定时炸弹的戏剧性——表现了出来。而且这个设计避开了已经被过度使用的蘑菇云的图像，而选用了一种与科学团体气质符合的测量仪器图。马蒂尔在创刊号的封面上，把指针停在了差7分钟到0点的位置上，仅仅因为她觉得这样好看。两年后，苏联的核试验也成功了。核竞赛正式开始了。为了表现出形式的严峻，时钟被调到了差3分钟到0点。这个钟后来被调过20多次。这是多么惊艳、清晰、准确的沟通方式！

几年前，这个组织想要一个标志。我们跟他们说你们已经有了。我们与《原子科学家公报》的合作就这样开始了，而且持续至今。每年，我们发布时钟指针位置的同事会发布一个报告。并且，每年我们都希望末日时钟的指针会往回拨。

右图与后页跨页图
设计师阿敏·威特建议我用末日时钟当标志。

How close are we to catastrophic destruction? The Doomsday Clock monitors "minutes to midnight," calling on humanity to control the means by which it could obliterate itself. First and foremost, these include nuclear weapons, but they also encompass climate-changing technologies and new developments in the life sciences that could inflict irrevocable harm.

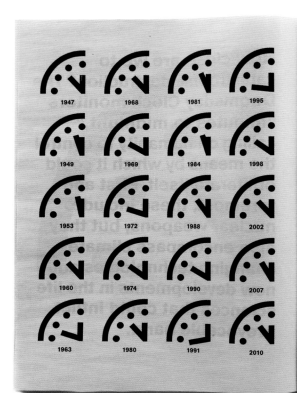

Join the Clock Coalition.

Engage with experts, policy makers, and citizens around the world through our web resources, blogs, online debates, discussions, and publications. Share information, express your opinion, hold leaders accountable, and help to build international momentum toward nuclear weapons disarmament and climate stabilization. Beginning January 13–14, 2010, start every year by participating online when the Bulletin gathers experts and scientists at a Doomsday Clock Symposium to sustain a worldwide forum about the perils we face and what we can do to meet them. Participate at: www.turnbacktheclock.org.

1

Nuclear Weapons

The nuclear age dawned in the 1940s when scientists learned how to release the energy stored within the atom. Immediately, they thought of two potential uses—an unparalleled weapon and a new energy source. The United States built the first atomic bombs during World War II, which they used in Hiroshima and Nagasaki, Japan in August 1945. Within two decades, Britain, the Soviet Union, China, and France had also established nuclear weapon programs. Since then, Israel, India, Pakistan, and North Korea have built nuclear weapons as well.

For most of the Cold War, overt hostility between the United States and Soviet Union, coupled with their enormous nuclear arsenals, defined the nuclear threat. The U.S. arsenal peaked at about 30,500 warheads in the mid-1960s and the Soviet arsenal at 40,000 warheads in the 1980s, dwarfing all other nuclear weapon states. The scenarios for nuclear holocaust was simple: Heightened tensions between the two jittery superpowers would lead to an all-out nuclear exchange. Today, the potential for an accidental or inadvertent nuclear exchange between the United States and Russia remains, with both countries anachronistically maintaining more than 1,000 warheads on high alert, ready to launch within tens of minutes, even though a deliberate attack by Russia or the United States on the other seems improbable.

Unfortunately, however, in a globalized world with porous national borders, rapid communications and expanded commerce in dual-use technologies, nuclear know-how and materials travel more widely and easily than before—raising the possibility that terrorists could obtain such materials and construct a nuclear device of their own. The materials necessary to construct a bomb pervade the world.

As a result, according to the International Panel on Fissile Materials, substantial quantities of highly enriched uranium, one of the materials necessary for a bomb, remain in more than 40 non-weapon states. Save for Antarctica, every continent contains at least one country with civilian highly enriched uranium. Even with the improvement of nuclear reactor design and international controls provided by the International Atomic Energy Agency (IAEA), proliferation concerns persist, as the components and infrastructure for a civilian nuclear power program can also be used to construct nuclear weapons.

2

Climate Change

Fossil-fuel technologies such as coal-burning plants powered the industrial revolution, bringing unparalleled economic prosperity to many parts of the world. But in the 1950s, scientists began measuring year-to-year changes in the carbon dioxide concentration in the atmosphere that they could relate to fossil-fuel combustion, and they began to see the implications for Earth's temperature and for climate change.

Today, the concentration of carbon dioxide is higher than at any time during the last 650,000 years. These gases warm Earth's continents and oceans by acting like a giant blanket that keeps the sun's heat from leaving the atmosphere, melting ice and triggering a number of ecological changes that cause an increase in global temperature. Even if carbon dioxide emissions were to cease immediately, the extra gases already added to the atmosphere, which linger for centuries, would continue to raise sea level and change other characteristics of the Earth for hundreds of years.

The most authoritative scientific group on the issue, the Intergovernmental Panel on Climate Change (IPCC), suggests that warming on the order of 2.5 degrees Fahrenheit over the next 100 years is a distinct possibility if the industrialized world doesn't curb its carbon dioxide emissions habit. Effects could include wide-ranging, dramatic changes. One drastic result: a 3- to 34-inch rise in sea level, leading to more coastal erosion, increased flooding during storms, and, in some regions such as the Indus River Delta in Bangladesh and the Mississippi River Delta in the United States, permanent loss of land. The sea-level rise will affect coastal cities (New York, Miami, Shanghai, London) the most, compelling major shifts in human settlement patterns.

Inland, the IPCC predicts that another century of temperature increases could place severe stress on forests, alpine regions, and other ecosystems, threaten human health as mosquitoes and other disease-carrying insects and rodents spread lethal viruses and bacteria over larger geographical regions, and harm agriculture by reducing rainfall in many food-producing areas while at the same time increasing flooding in others—any of which could contribute to mass migrations and wars over arable land, water, and other natural resources.

3

Biosecurity

Advances in genetics and biology over the last five decades have inspired a host of new possibilities—both positive and troubling.

With greater understanding of genetic material and of how physiological systems interact, biologists can fight disease better and improve overall human health. Scientists already have begun to develop bioengineered vaccines for common diseases such as dengue fever and certain forms of hepatitis. They are using these tools to develop other innovative medical solutions, including cells that have been bioengineered to serve as physiological "pacemakers." The mapping of the complete human genome in 2001 allows for even greater understanding of human functioning. As a consequence of the Human Genome Project, scientists have already identified more than 1,800 genes associated with particular diseases.

But along with their potential benefits, these technological advances raise the possibility that individuals or non-state actors could create dangerous known or novel pathogens. Additionally, researchers with the best intentions could inadvertently create new pathogens that could harm humans or other species. For example, in 2001, researchers in Australia reported that they had accidentally created a new, virulent strain of the mousepox virus while attempting to genetically engineer a more effective rodent control method.

Unlike the biological weapons of the last century, these new tools could create a limitless variety of threats, from new types of "nonlethal" agents, to viruses that sterilize free hosts, to others that encapsulate whole systems within an organism. The wide availability of bioengineering knowledge and tools, along with the ease with which individuals can obtain specific fragments of genetic material (some can be ordered through the mail or over the internet), could allow these capabilities to find their way into unexpected hands or even those of backyard hobbyists. Such potential dangers are forcing scientists, institutions, and industry to develop self-governing mechanisms to prevent misuse. But developing a system to ensure the safe use of bioengineering, without impeding beneficial research and development, could pose the greatest international science and security challenge during the next 50 years.

You can help.

From a small publication founded and distributed by scientists who worked on the Manhattan Project, the Bulletin has become a 501 (c) (3) nonprofit communications organization that is a vital information network for people all over the world. More than 80 percent of the Bulletin's revenues are directed into program areas to organize, produce, and disseminate information needed by policy makers and citizens. Every gift to the Bulletin is tax deductible to the fullest extent allowable by law.

To learn more about supporting the Bulletin and the Clock Coalition, contact the Development office at 312.364.9710, ext 17, or write kgladish@thebulletin.org. Secure online donations can be made at www.turnbacktheclock.org or www.thebulletin.org.

"With a growing digital publishing program, expert forums, fellowships, and awards, the Bulletin has more ways to bring substance and clarity to public debates. We need it."
Stephen Hawking, Author and Scientist

"The Bulletin remains relevant today because of its persuasive insight into the range of causes for our eroding global security. Its iconic atomic clock now ticks more urgently than ever."
Cynthia Levine, President, American Society of Magazine Editors

"That the Bulletin is expanding its digital publishing can only mean good things for the level of our national debates and the clarity of our decisions."
William Perry, former U.S. Secretary of Defense

"Rigorously sober."
Chicago Tribune

"Scientists can be counted upon to continue searching for solutions and to keep deep channels of communication open among nations, great and small, in the hope that no government will misjudge the gravity of the world situation."
John A. Simpson, Bulletin co-founder

Join the Clock Coalition

Turn Back the Clock with facts, reason, and civic engagement.

Get regular updates about nuclear disarmament, climate change, and biotechnology around the world—and take action to advance efforts to improve global security.

Sign up now at www.turnbacktheclock.org.

Support the Clock Coalition

Cash or authorized credit: Make an online contribution through our **secure portals** at "www.turnbacktheclock.org" or "www.thebulletin.org", or send a check or credit authorization WITH YOUR EMAIL ADDRESS to the Bulletin of the Atomic Scientists, 77 W. Washington St., Suite 2120, Chicago, IL 60602.

Turn back the Clock

Thank you.

It is six minutes to midnight.

怎样避免世界末日

怎样做到时尚而永恒
萨克斯第五大道精品百货

对页图
得益于模块化的标志系统，通过各种组合变化，萨克斯的购物袋有 60 多种。

上图
萨克斯自创立以来，用过 40 多款标志。最让人记忆深刻的是一个 20 世纪 40 年代推出并于 70 年代微调优化过的书法体标志。

特伦·谢弗跟我说怎么弄都可以。作为纽约的购物圣地——1924 年创立的萨克斯第五大道精品百货的市场部总监，他认为是时候更新视觉标志了。他没限制任何条件，让我放手去做。

没有比"怎么都可以"更让我讨厌的了。别的设计师都希望获得没有束缚的项目，但是我在面对棘手的问题、带着历史包袱的案子和无法调和的要求的时候发挥最好。幸运的是，好在为特伦的项目埋头苦干是一个让人振奋的挑战。特伦对萨克斯百货的历史与权威性很引以为豪，但也紧跟潮流。通过融合潮流与永恒，他们希望拥有像蒂芙尼（Tiffany）的品蓝色的盒子，或者巴宝莉（Burberry）的经典格子呢那样的品牌认知度。

我们使出浑身解数。把萨克斯的名称设计成各种字体——都看起来很假。我们试着用了旗舰店大楼的图片——太老气。设计了各种图案——太随意。最终，特伦感受到了我们的精疲力竭，提醒我们说很多人还是很喜欢我们 20 世纪 70 年代书法家（lettering artist）汤姆·喀纳斯（Tom Carnase）做的花体标志。这种花哨的斯宾塞风格的字，我觉得有点陈旧，不过我问我们的设计师凯丽·鲍威尔（Kerrie Powell）能不能优化一些。那天下午，我从房间的另一头瞄了一眼凯丽的电脑屏幕。放大的细节看起来不但清新而且像耐克的标志一样具有戏剧张力。我当时就知道我找到答案了。

解决一个设计问题像其他很多问题一样：一开始很慢，然后突然迎刃而解。我们把花体的标志分成了 64 个小方块，每一个小方块都是一个充满张力的抽象图形。把它们放在一起，能够产生出无数的组合，对于制作包装来说简直完美。这种新的视觉语言一方面延续了百货的悠久历史，一方面又代表了一种永久的新鲜感。萨克斯第五大道精品百货的答案，其实一直就在那里。

当我们想创新的时候,要问自己:新是相对于什么?解构原有的萨克斯标志,比设计一个全新的标志更能让人感觉到革新。这个打乱的标志拼图的答案,也就是完整的标志都印在手提袋的侧面或者纸盒盖子朝里的那面。

上图与右图

艺术家乔·菲诺基亚罗(Joe Finocciaro)重画了一个更轻盈、优雅的版本。

萨克斯百货希望具有灵活性,我们就把标志分割成了64个方块。我们的设计师杰娜·谢尔(Jena Sher)的未婚夫是耶鲁大学的博士,他说这64个方块不同排列方式的数量超过了全宇宙粒子的数量。

我们用标志组成的这个图案来做包装。缩得很小的时候看起来像千鸟纹。

左上图
新的图案与百货公司传统建筑的金属拉花很和谐。

左下图
在 2007 年推出新包装的时候，百货公司的橱窗里展示了新的视觉系统。自然而然地，购物者们开始把萨克斯百货和新的视觉系统联系起来。

下图
有人会觉得这些全黑的局部细节的碰撞，让人想起纽约派艺术家弗兰克·克莱恩（Frank Kline）、巴尼特·纽曼（Barnett Newman）和埃尔斯沃斯·凯利（Ellsworth Kelly）的作品。但我真正的灵感来源是耶鲁艺术学院教授诺曼·艾夫斯（Norman Ives）的文字设计拼贴作品。

后页跨页图
新的标志把在曼哈顿中城横跨整个街区的萨克斯百货统一了起来。

怎样做到时尚而永恒

新的视觉系统为人熟知之后，特伦·谢弗展开了一系列的季度广告。每季主题都不同。我们利用这次机会延展了萨克斯的视觉系统，但是也保持一些元素不变，比如说黑白配色和正方形网格。这样我们可以在给视觉系统带来新鲜感的同时，适时地加强它。

左图
安德斯·欧弗加德（Anders Overgaard）为2010年秋季拍的照片把模特和从出租车到滑板的各种交通工具配在了一起。

对页图
这次宣传是非常具有"指向性"的，到处都是引导顾客到店面消费的箭头。设计师詹妮弗·基农（Jennifer Kinon）设计了这些精致的图案。

下图

受到戴安娜·福里兰德（Diana Vreeland）的《芭莎》专栏"你为什么不……"（why don't you...）的启发，2010年的营销活动主题定为"畅想……"（think about...）。这两个单词的每个字母都和萨克斯每年出版的型录相联系。

右图

五角设计公司的詹妮弗·基农和杰西·立德（Jesse Reed）用各种小剪影拼成了文字，把型录和型录的主题——动物图案、鞋、珠宝、男装配饰——联系起来。

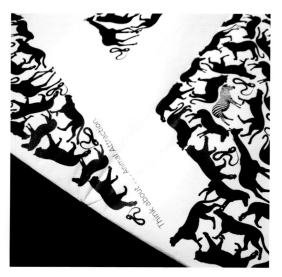

下图与右图

2011年的主题"@萨克斯"反映了社交媒体的崛起。乔·菲诺基亚罗专门设计了一个跟萨克斯字体相搭配的"@"符号。

五角设计公司的凯蒂·巴塞罗那(Katie Barcelona)用这个符号做成了很多酷炫的图案。

怎样做到时尚而永恒

上图、右图与对页图

我们最近给萨克斯做的项目是2013年的"Look"营销活动。由一些几何形状组成的主视觉"Look"字母可以叠、重复，还可以打开如一扇窗户。我们的设计师杰西·立德用这个主视觉做了一些图案。就像以前一样，这些创意既扩展了基本的视觉系统，也展现了视觉系统给人带来惊喜的能力。

怎样做到时尚而永恒　123

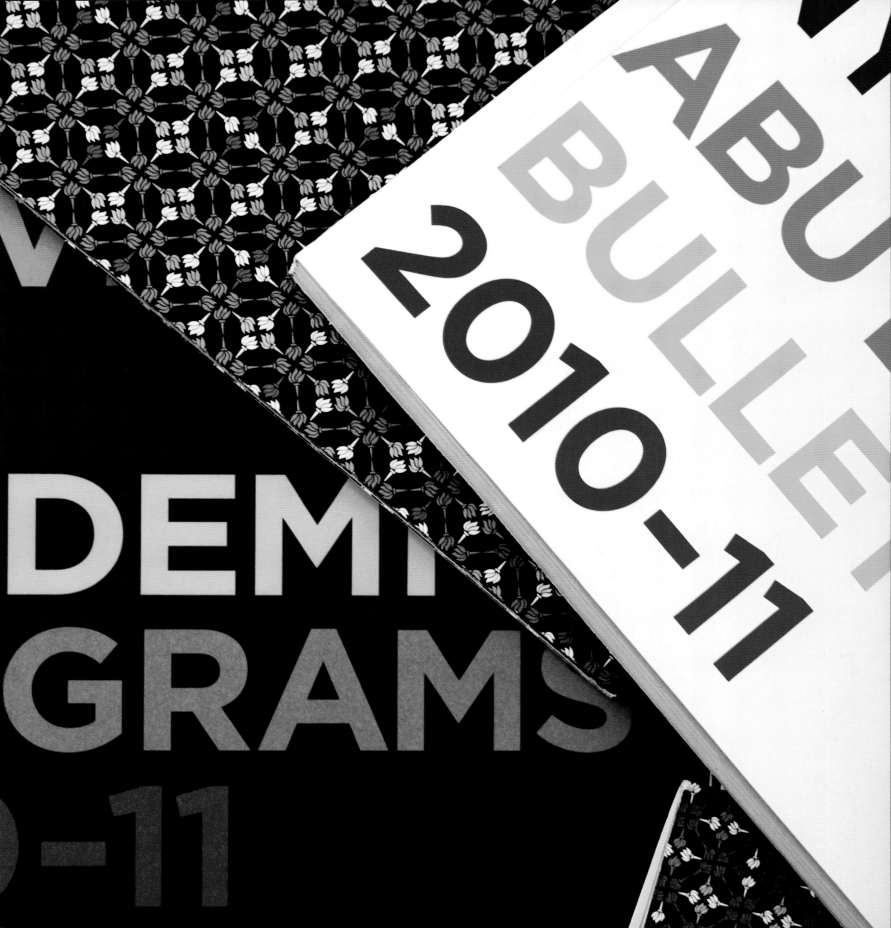

怎样跨越文化
纽约大学阿布扎比分校

对页图与上图
在中东开设纽约大学的国际分校，这是前所未有的挑战。通过解构纽约大学标志性的火炬图案，我们将都市元素和阿拉伯式的图案结合起来。

在2007年纽约大学校长约翰·赛克斯顿（John Sexton）直言他要"在世界上第一个真正的全球化都市开设世界上第一所全球化大学"。纽约大学阿布扎比分校可不是一般的游学项目。它是一所货真价实的大学，位于萨迪亚特岛的文化城区，教学楼和校舍占地40公顷的阿布扎比分校要容纳2000名师生，是把西方通识教育带到这个新的全球化都市的学校。

纽约大学有分散在格林威治村（Greenwich Village）等地的100多栋校舍，是典型的城市大学。纽约大学没有点缀着新乔治亚式建筑的林荫校园，而是完全沉浸在城市的活力之中。这就导致平面设计成了纽约大学最主要的甚至是唯一的整合符号。我们跟纽约大学有多年的合作，经手过法学院、斯坦恩商学院和瓦格纳公共服务学院的项目。也因此感受到纽约大学紫色背景的火炬标志的强大聚合力。现在这股聚合力要在阿布扎比接受新的试验。纽约大学怎样才能在全球化的同时强调在地环境因素呢？

一般来说，一个机构的标志是神圣不可侵犯的。但是这次同时表现传统与革新的最有效方式是看看纽约大学的火炬能变成什么样。受到伊斯兰教艺术的那种绚丽和重复的图案的启发，我们通过增加色彩和重复火炬的方式设计了一套阿拉伯式的图案。新的图案被应用在印刷品、网站上还有校园里，让人意识到这座新的校园同时属于纽约大学、阿布扎比，还有整个世界。

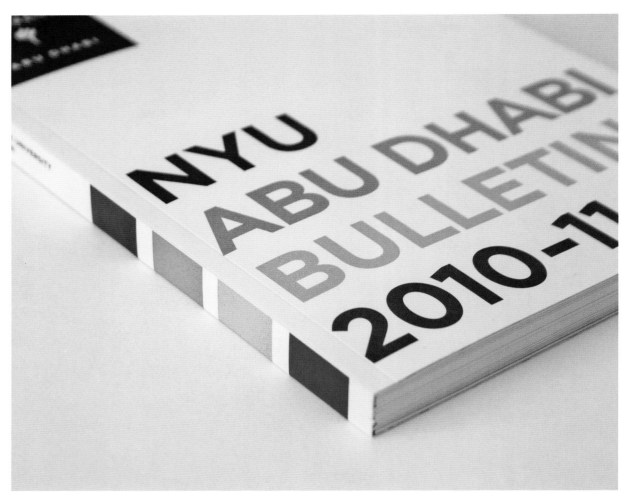

左上图
新增的用来搭配纽约大学紫色背景的颜色，意在让人想起（而不是抄袭）伊斯兰教艺术中丰富悠久的装饰传统。

右上图
新的图案在学校的书店随处可见。报名人数太多，以致录取率与哈佛大学不相上下。

右图
发给潜在学生介绍校园的小册子里，把两种不同文化的图像放在了一起。

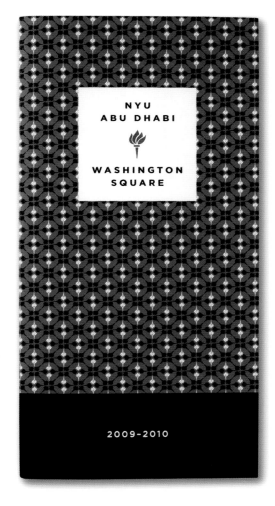

左上图
在阿布扎比分校一个学生都没有的时候,学校就已经推出了内容丰富充实的系列讲座和研讨会。

左下图
阿拉伯式的图案也被应用到校园的建筑上。

右上图
为响应赛克斯顿校长创建全球网络的设想,阿布扎比校区在纽约校区中心的华盛顿广场曝光很多。

后页跨页图
五角设计公司的设计师凯蒂·巴塞罗那为阿布扎比校区的各种应用场合设计了一套色彩、字体丰富多样但整体统一的模板。

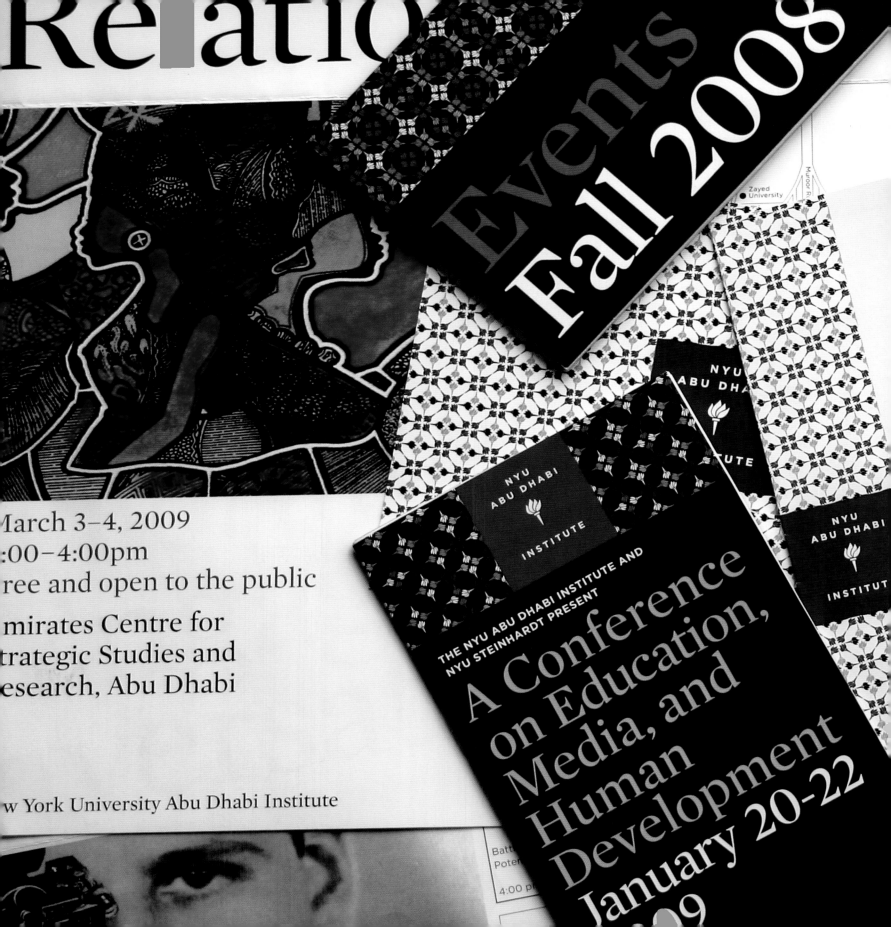

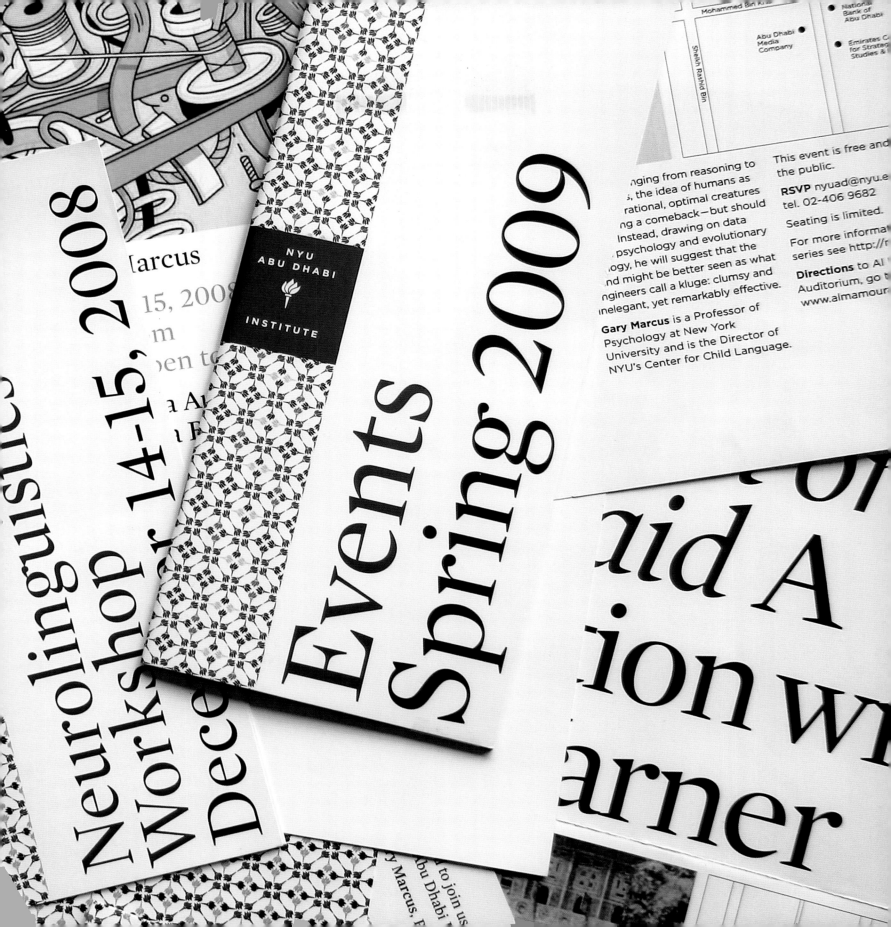

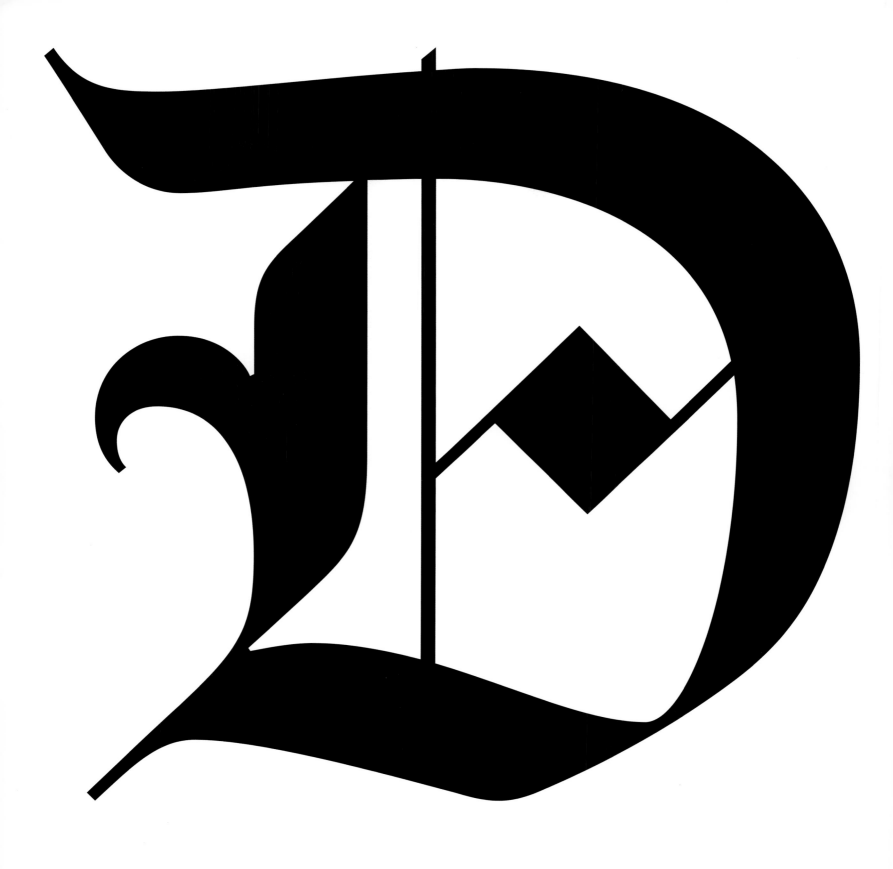

怎样为教堂做设计

圣约翰神明教堂

对页图
为了把圣约翰神明教堂的标志统一起来,却又彰显它的别具一格,我们请字体设计师菲诺基亚罗更新了1928年设计的 Goudy Text 字体,这种新的定制字体我们命名为"神明体"(Divine)。

上图
大教堂位于曼哈顿的西北角。100 年来断断续续一直在施工,至今尚未完工。它是纽约非常受欢迎的景点之一。

希望提高辨识度的机构往往以为他们缺的是一个标志。这就好比为了增添个性而买一顶帽子。你的穿着、外表确实是身份的一个象征,但是不是唯一的象征,更重要的是你的谈吐,最重要的,当然是你的举止。

圣约翰神明教堂是一座非常神奇的建筑,1892年动工以来一直未完工,是世界第四大基督教堂,中殿高达 124 英尺(约 37.8 米),是到纽约的游客必去的景点。它当然不只是一座漂亮的哥特式建筑,在那儿还会举办各种音乐会、艺术展览和一些与众不同的活动。教堂的施食处一年提供 25000 份免费餐。每周举办 30 多次各个信仰的礼拜活动。怎样才能显示出这座超过 120 年历史的石制建筑是 21 世纪生活中充满活力、不可或缺的组成部分呢?

我们完全被这种古老石材和现代生活的组合所折服,想要重现游客们进入巨大的西门的时候所感受到的那种惊奇。我们用了一种很当代,甚至是幽默的语气。字体是新版复刻的神明体。这个字体是 1928 年弗莱德里克·高迪(Frederic Goudy)的一套哥特式字体的复刻,而高迪的那套字体实际上是基于古登堡 42 行圣经的字体。这种传统形式与当代内容的反差恰恰应和了容器与填充物之间的对比却又共生的关系。

我的老板马西莫·维奈里以前经常引用一句意大利俗语"人是很复杂的"。机构也是很复杂的。平面设计的那种能够把各种互相矛盾的部分整合在一起的神奇力量,一直都让我惊叹不已。

对页图
圣约翰大教堂的视觉传达包含了当代的视觉语言、活泼的排版、明亮的色彩，还有古老的字体。

下图
大教堂的标志是全美国最大的圆花窗。教堂的名称用了一个简单的无衬线字体，并巧妙地加粗了教堂的简称（Saint John the Divine）。

The Cathedral Church of **Saint John the Divine**

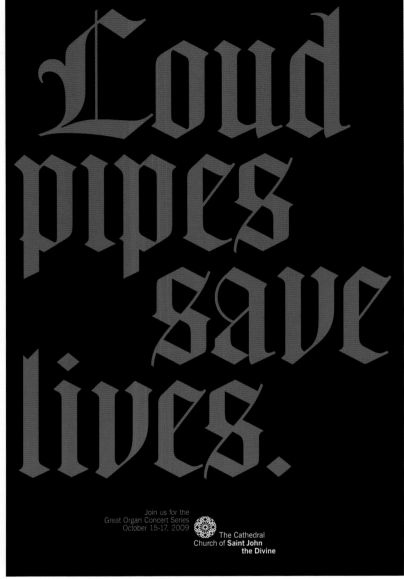

上图

2001年的一场大火让整个大教堂内部都蒙上了一层烟灰,这使大教堂迎来了100年来的首次大清扫。恢复往日光辉的大教堂让人不由自主说出这样惊叹的语句——"我的上帝啊!"(Oh, my God)。

上图

管风琴演奏会系列只是大教堂音乐会节目的一部分。这张海报上的话借用了哈雷摩托骑手们的一句口号——巨大声响的管道挽救生命(Loud Pipes Save Lives)。

上图

走钢丝艺术家菲利普·珮提（Philippe Petit）从1982年开始一直是在该教堂表演的艺术家。这是他的传记电影《走钢丝的人》（Man on Wire）的一次公益放映的海报。

上图

在圣周（Holy Week）的濯足星期四（Maundy Thursday）举办的但丁《神曲》第一部分"地狱"的通读会海报。

怎样为教堂做设计　135

右图

2012年大教堂的"水的价值"展览的设计我们把高迪的哥特字体渲染成了水的形状。

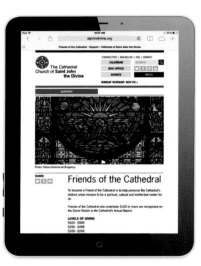
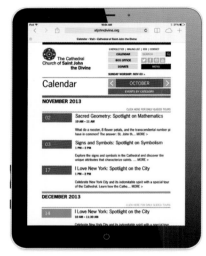

左图

视觉标志从桌面贯穿到移动设备的数字应用。

右图

圣约翰大教堂的宣传部总监丽萨·舒伯特总是想要给访问者带来惊喜。每年的亚西西的圣方济各宴会（the Feast of St. Francis of Assisi），大教堂都会按照传统祝福各种动物。我们为该活动设计了T恤衫。

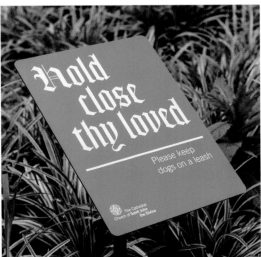

上图与左图

五角设计公司的杰西·立德设计了这些鼓励大家保护教堂场地的公告牌，也成了吸引游客的焦点。

怎样为教堂做设计

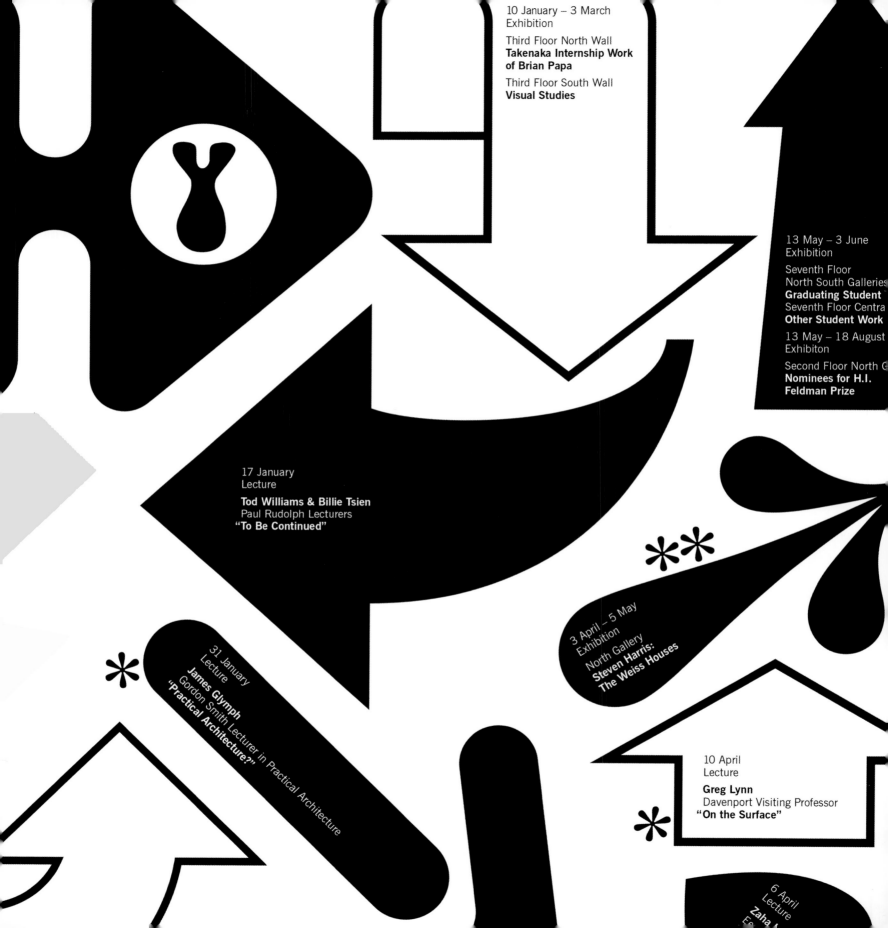

怎样让建筑师晕头转向
耶鲁大学建筑系

对页图
耶鲁大学的海报用了上百种字体,但却只用一种颜色:黑色。

上图
我最初给罗伯特·A. M. 斯坦恩(Robert A.M. Stern)看的演示稿是一种大家期待的形式(古典主义)与我们提供的形式(折中主义)的对比。

"我要让大家吃惊。"

大家都在关注他,罗伯特·A. M. 斯坦恩自己也知道。他是耶鲁大学建筑学院的新院长。他自己就是1965年毕业于该学院的。大家对他期待很高,但疑虑也很多。他担任建筑学院的学生杂志《视角》(Perspecta)的主编的时候,很早就开始宣扬罗伯特·文丘里和丹尼斯·斯科特·布朗的当时十分激进的后现代主义理论。后来他开始把这些理论付诸实践,在纽约当了一名理想主义的建筑设计师。

35年之后,他成了世界上相当成功的建筑师之一,毫不费力地在木瓦风格的度假屋和精致的乔治亚复兴主义的校园建筑这样的风格迥异的项目之间转换。但是斯坦恩对于历史建筑语言的融会贯通却为忠于现代主义的同行们所不齿,其中一位奚落他是"穿着麂皮绒便鞋的复古建筑大王"。他会不会把耶鲁变成21世纪的复古装修学校?

斯坦恩很珍视这次挑战众人期望的机会。1999年的时候,他跟我说,建筑学院浑浑噩噩太久了,太平庸,容易被忽视。他制订了一个颇具野心的讲座、展览、研讨会的日程计划。他希望我能把这个充满了复杂性和矛盾性的计划宣传给全世界。这是个巨大的挑战。斯坦恩之前在哥伦比亚任教,那里的海报都是瑞士裔的设计师威利·孔茨(Willi Kunz)设计的。设计只用一种字体——Univers。这些海报识别度非常高,但都无法脱颖而出。有哪种字体能够概括斯坦恩的灵活的折中主义呢?

回想起来答案很简单。与其用一种字体,我建议每种字体都不用第二次:一个通过多样性来促成一致性的设计视觉系统。15年了,也遇到了一些我可能再也不会用的字体〔比如说罗伯特·E. 史密斯(Robert E. Smith)1942年设计的笔刷体(Brush Script)〕后,我们为耶鲁建筑学院设计的海报还在不断让我吃惊。

右图与对页图
斯坦恩把耶鲁大学建筑系变成了一个百家争鸣的学术中心。

后页跨页图
每年我们都会设计海报来预告秋天和来年春季的各种活动。那么,同样的信息可以有多少种不同的呈现形式呢?

Yale School of Architecture
Lectures and Exhibitions
Fall 2000

A&A Building
180 York Street
New Haven, CT
Phone: 203.432.2889
Email: architecture.pr@yale.edu

Lectures begin at 6:30 PM in Hastings Hall—located on the basement floor. Doors Open to the General Public at 6:15 PM

Exhibition hours are Monday through Saturday, 10:00 AM to 5:00 PM. Main, North, and South Galleries are located on the second floor.

Cesar Pelli: Building Designs 1965-2000
Exhibition: Main, North and South Galleries
September 5–November 3

Bernard Cache[2]
September 7
"Current Work"

Marion Weiss and Michael Manfredi
Paul Rudolph Lecture
September 11
"Site Specific"

Steven Holl[2]
September 14
"Parallax"

Dietrich Neumann
September 18
"Architecture of the Night"

Douglas Garofalo
Bishop Visiting Professor
September 25
"Materials, Technologies, Projects"

Elizabeth Diller[2]
September 28
"Blur – Babble"

Herman D. J. Spiegel
Myriam Bellazoug Lecture
October 2
"Gaudi's Structural Expression and Its Implications for Architectural Education"

William McDonough[1,2]
October 5
"Future Work"

Hon. Anthony Williams[3]
Mayor, Washington, D.C.
Eero Saarinen Lecture
October 6
"Recasting the Shadows: The District in the Twenty-First Century"

Richard Sennett[3]
Roth-Symonds Lecture
October 7
"Urbanism and the New Capitalism"

Aaron Betsky
October 9
"Architecture Must Burn"

Julie Bargmann[1]
October 12
"Toxic Beauty: Regenerating the Industrial Landscape"

Beatriz Colomina[4]
October 23
"Secrets of Modern Architecture"

Ken Yeang[1]
October 26
"The Ecological Design of Large Buildings and Sites: Theory and Experiments"

Charles Jencks
Brendan Gill Lecture
October 30
"The New Paradigm in Architecture"

Craig Hodgetts and Ming Fung[2]
Saarinen Visiting Professors
November 2
"By-products: Form Follows Means"

Kathryn Gustafson
Timothy Lenahan Memorial Lecture
November 6
"European and American Landscape Projects 1984-2000"

Jacques Herzog[2]
November 9
"Architecture by Herzog & de Meuron"

Ignacio Dahl Rocha
November 13
"Learning From Practice: the Architecture of Richter and Dahl Rocha"

The British Library
Colin St. John Wilson & M. J. Long
Exhibition: Main Gallery
November 13–December 15

(a)way station
a project by KW:a
Paul Kariouk & Mabel Wilson
Exhibition: North Gallery
November 13–December 15

in.formant.system
Douglas Garofalo
Exhibition: South Gallery
November 13–December 15

Max Fordham and Patrick Bellew[1]
November 16
"Labyrinths and Things"

Barry Bergdoll
November 20
"Siting Mies: Nature and Consciousness in the Modern House"

Richard Foreman[1]
November 30
"Landscape, Ecology and Road System Ecology: Foundation for Meshing Nature and People So They Both Thrive"

1 These lectures are part of "Issues in Environments and Design" seminar given in collaboration with Yale School of Forestry and Environmental Studies.
2 These lectures are part of "The Millennium House" seminar.
3 These lectures are part of "Next Cities" symposium.

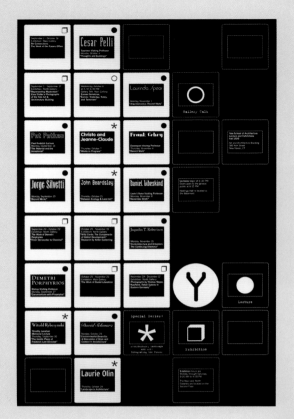
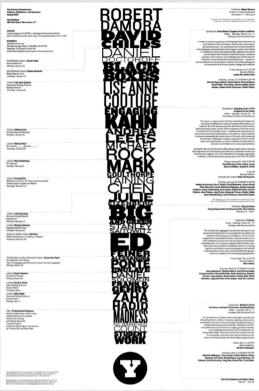
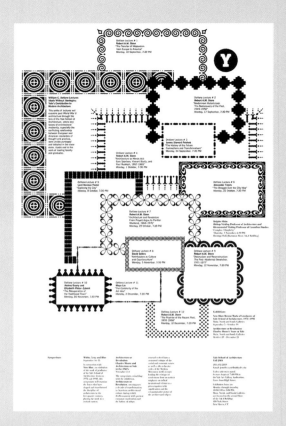
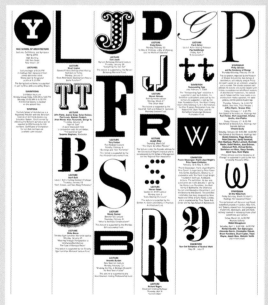

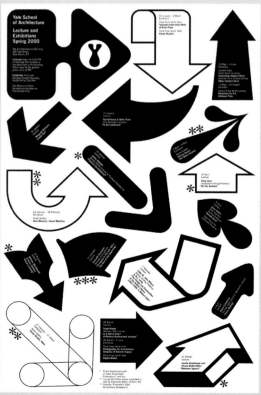

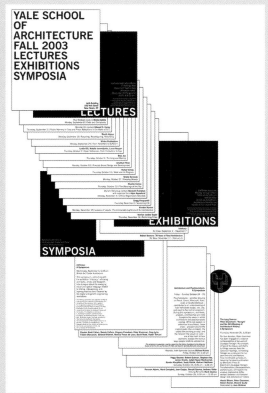
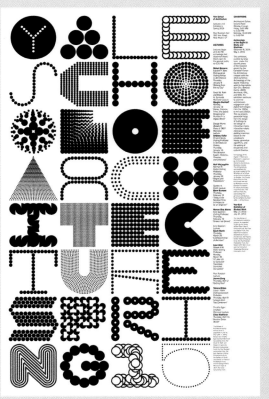

怎样让建筑师晕头转向 143

右图与对页图

给研讨会设计海报是一次直接与研讨会主题相呼应的机会。这些主题有都市生活的密度、查尔斯·摩尔的建筑、拉斯维加斯大道的招牌、失传的绘画艺术、乔治·奈尔森的文化遗产，等等。

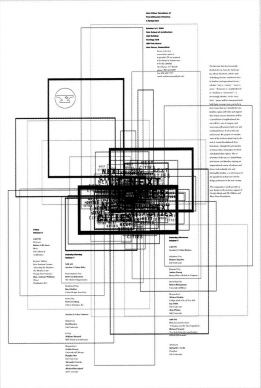
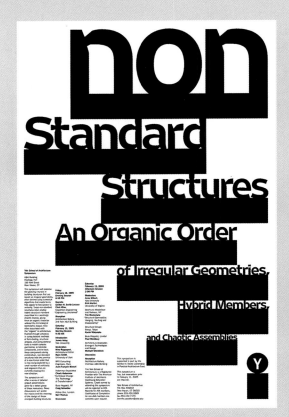

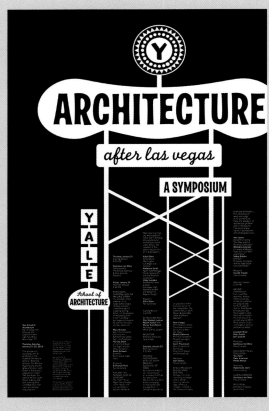

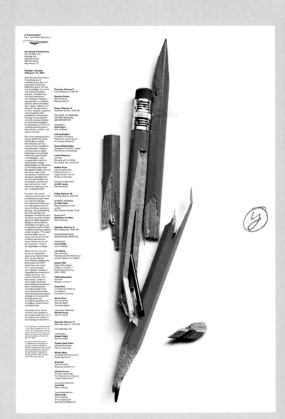
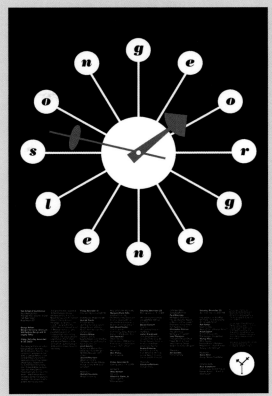

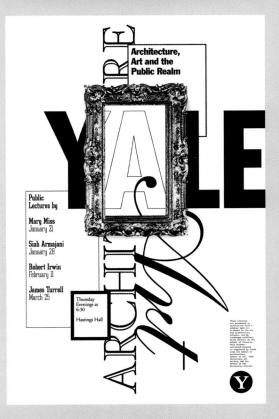

怎样让建筑师晕头转向　145

右图与对页图

耶鲁大学在每年都会有开放日，来接待有意报考耶鲁建筑系的学生。很多开放日的海报都基于字母"Y"的几何形状或者字母"O"所带有的那种隐含的邀请意味。

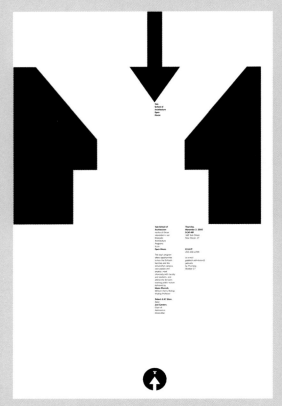
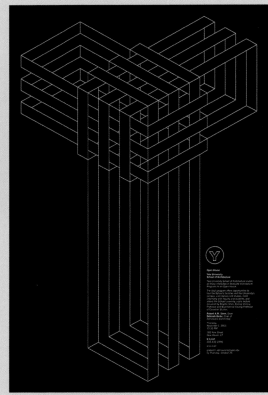

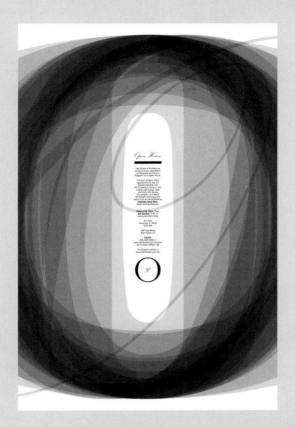
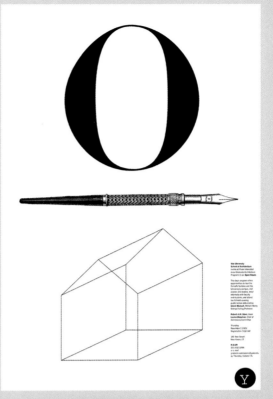

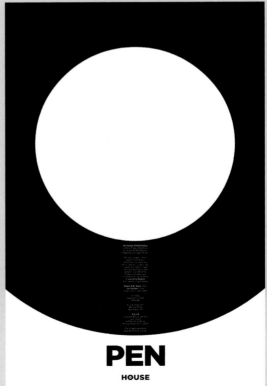

怎样让建筑师晕头转向　147

右图

我们的客户耶鲁大学建筑系真的宽容度非常高。我们提出要做一张所有文字都用一种（最小的）字号，只用加粗和下画线来突出重点的海报的时候，他们没说什么，但是很礼貌地告诉我以后再别这么干了。

148　怎样用设计改变世界　　　　　耶鲁大学建筑系

右图

我请玛丽安·班茨（Marian Bantjes）手绘了海报主题字来表现建筑的诱惑，告诉她一定要效果看起来"充满欲望"。她交稿了。诡异的是，这个设计被P. Diddy的服装品牌盗用了，不过做了一些灵巧的修改。他们把诱惑（Seduction）改成了肖恩·约翰（Sean John）。这个边界模糊的世界真是奇怪美好。

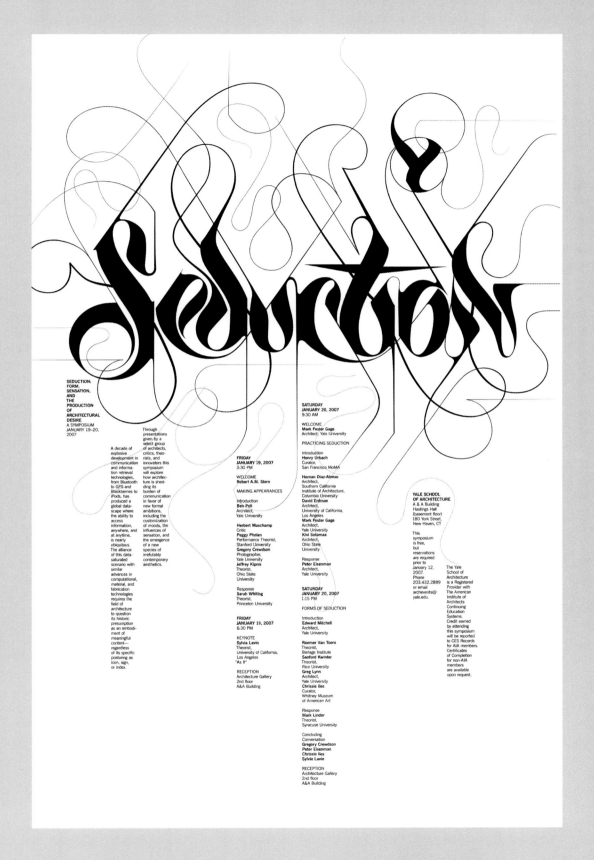

Architecture and Psychoanalysis

Yale School of Architecture
Symposium

A&A Building, Hastings Hall
180 York Street, New Haven, CT

This symposium is partially funded by a grant from the Graham Foundation for the Advanced Studies in the Fine Arts and the David W. Roth and Robert H. Symonds Memorial Lecture Fund.

This symposium is free but reservations prior to Oct 10, 2003 are required.

Yale School of Architecture
P.O. Box 208242
New Haven, CT 06520
Phone: 203.432.2889
Fax: 203.432.7175
email: jennifer.castellon@yale.edu

Friday
October 24, 2003
Evening Session
6:30 pm

KEYNOTE
Roth-Symonds Lecture
Richard Kuhns, Professor of Philosophy, Columbia University
"Constructive and Destructive Passion: Architecture and Psychoanalytic Thought"

RECEPTION
Architecture Gallery, 2nd floor A&A Building

Saturday
October 25, 2003
Morning Session
9:30 am

THE CREATIVE SUBJECT: ARCHITECTS / ARCHITECTURE

IDENTITY
Juliet Flower MacCannell, Professor Emeritus, English and Comparative Literature, U.C. Berkeley
"Breaking Out"
Suely Rolnik, Professor, Dept. of Social Psychology, Catholic University of Sao Paulo
"Beyond the Pumping of Creation"

ORGANIZATION
Robert Gutman, Lecturer in Architecture, Princeton University
James Krantz, Organizational Consultant
"The Psychodynamics of Architectural Practice"

Saturday
October 25, 2003
Afternoon Session
1:15 pm

THE OBJECT: BUILDING / CITY

THE BUILDING
Stephen Kite, Architect and Professor, University of Newcastle
"Adrian Stokes and the 'Aesthetic Position': Psycho-analysis and the Spaces In-Between"
Peggy Deamer, Associate Professor, Yale University
"Form and (Dis)Content"

THE CITY
Sandro Marpillero, Adjunct Associate Professor of Architecture, Columbia University
"Urban Operations: Unconscious Effects"
Richard Wollheim, Professor in Residence, Dept. of Philosophy, U.C. Berkeley; faculty, San Francisco Psychoanalytic Institute
"Why We Hate the Modern City"

Sunday
October 26, 2003

左图

还是贯彻一开始定下的每张海报都要有变化的原则,这次学校的标志做成了一个圆圈里有字母"Y"。不过这次"Y"是一个罗夏墨迹(Rorschach blot)的样子。

后对页图

给耶鲁做海报是工作室里最受欢迎的项目。在过去的五年里,有无数设计师和实习生都对这个项目做出过贡献。特别要提一下的有:凯丽·鲍威尔(Kerrie Powell)、米歇尔·梁(Michelle Leong)、伊夫·路德维格(Yve Ludwig)、莱兹·何(Laitsz Ho),还有杰西卡·斯文森(Jesssica Swendsen),和我们对接的一直是耶鲁的约翰·雅克布森(John Jacobson)。当然,我特别要感谢斯坦恩,他一直支持并启发着我。

怎样让建筑师晕头转向   151

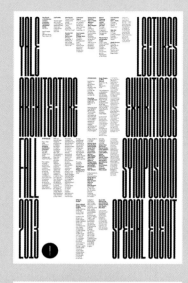
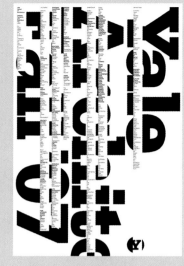

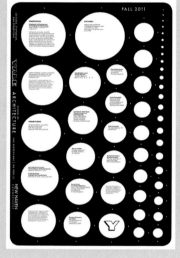

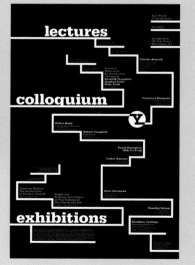

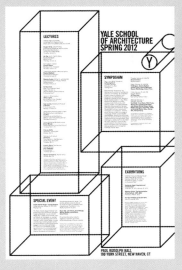

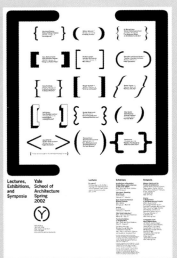

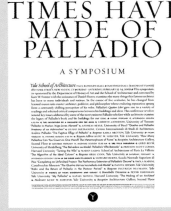

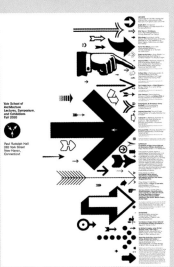

怎样让建筑师晕头转向 153

怎样在一座玻璃幕墙的大楼上挂上巨大的标牌又不挡住视线？

《纽约时报》大厦

对页图
到《纽约时报》的访问者从与极简主义的建筑形成反差的德国尖角体刊名下面走过。

上图一
时代广场就是根据42街和百老汇街路口的原《时代周刊》总部命名的。

上图二
《纽约时报》原来在43街的一座楼的卸货口，用玻璃球标示出来了。

2001年，《纽约时报》请普利策奖得主伦佐·皮亚诺（Renzo Piano）来设计新的总部大楼。90多年来，纽约时报在43街的办公场所可以说就是一堆破石头。那地方看起来像一个工厂，因为它本来就是一个工厂。报纸就是在地下室里印好，搬到卡车上，然后在天亮之前运送到全世界的。

皮亚诺设计的大楼，就在原址往南三个街区的地方，可以说和原来的时报大楼有天壤之别。整栋大楼都是玻璃幕墙，外面装着让人联想起报纸上一行行文字的一排排用来遮阳的瓷制横条，像是对数字的无形性和新闻通透性致敬的颂歌。

不过有个问题。这栋大楼所在的地方对标牌的严苛程度在全美国都是绝无仅有的。为了创造一种繁荣热闹的气氛，这里不要求各家控制标牌的大小和数量，反而要求标牌要多、要大，标牌不能画在建筑正面上，而必须独立制作挂在上面。一个从头到脚都被玻璃包着的建筑，到底标牌要挂在哪里？作为标牌的设计者，这个问题摊到了我们身上。

我们的解决方案是把刊名做成110英尺（约33.5米）长的标牌，挂在大楼靠着第八大道的这一面。这个标牌由959个水滴形状的小片组成，这些小片会被精确地固定在那些瓷制横条上。这些小雨滴尾巴2英寸（5.08厘米）的凸起让这个标牌从下面仰视的时候看起来是不透明的，但如果正对着，从楼里往外看，那就几乎是透明的。

新楼很漂亮，但是有些人担心大家会怀念旧日光辉。我们就把楼里所有的标牌，从会议室到洗手间差不多有800个，每个都设计得不一样。每个标牌上都有一张从浩瀚的《纽约时报》图片库里选出的照片。我们把这些照片做了夸张的网点处理，来向之前那些在记者们的办公室下面隆隆运转的印刷机们致敬。

和其他很多设计是一样的,我最初为《纽约时报》做的一些项目评论文章的插图:浓缩、简洁的图片意在吸引大家去阅读复杂甚至是晦涩的思想。这些项目压力巨大但是非常有趣,在提交之前只有几天时间构思和设计,提交后必须在一天内定稿,然后就会印在第二天的报纸上。这种即时的满足感和普通项目那种长年累月的等待是完全不同的。

右图
乔治·凯南反对北约扩张。把缩写夸大,就是否定。

下图
侵略富油区时,里程表转动了。

左上图

乔伊斯·卡罗尔·欧茨（Joyce Carol Oates）谈论匿名所带有的被动的攻击性反讽。

左下图

原先的鸽派开始支持在科索沃使用武力。

下图一

在最高法院中支持与反对人数相等时的困境。很幸运，他们的建筑正好有 8 个立柱。

下图二

读者回应《黑道家族》大结局的戛然而止。

怎样在一座玻璃幕墙的大楼上挂上巨大的标牌又不挡住视线？

为了制作时报大楼的主标牌（New York Times）我们把标志的字母切成了横条，字母"i"用了26条，字母"Y"用了161条。五角设计公司的设计师特蕾西·卡梅伦（Tracey Cameron）和伦佐·皮亚诺事务所的设计师以及FXFowle的建筑师们实验了好几个月，一次次调整图案。即使是这样，我们还是不太确定能成功。由此当巴士从第8大道开过的时候，我看见了已经装上的一些字母，忍不住拍起手来，把其他乘客吓了一跳。

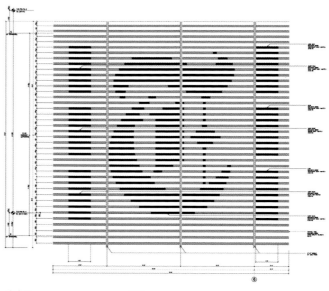

左上图
每个精确安装的组件都有一个凸出的"喙"。

左下图
从下面看的时候，这些尾巴重叠在一起，形成一种不透明的错觉。

上图
支撑那个标牌的那些瓷制横条可以调节玻璃大楼的热量的累积和流失。

左图
从里面看，标志几乎不会挡住窗外的景色（可惜对面是纽约港务局巴士总站）。

下图
《纽约时报》标志性的德国尖角体（Fraktur）是由字体设计大师马修·卡特（Mathew Carter）专门设计。这里放大到10116点。

后页跨页图
之前我提议可以做一个很低调的白底白字（white—on—white）的设计，这样有些时候标志就会消失不见。《纽约时报》的CEO 小亚瑟·苏尔兹伯格用一种好像我疯了的眼神看着我说："你看，在报纸头版标志是白底黑字，对吗？"

接后页图
时报的精力充沛的项目经理大卫·瑟姆想让我们把报纸的历史带到新的总部来。我们设计了800多个各不相同的标牌。

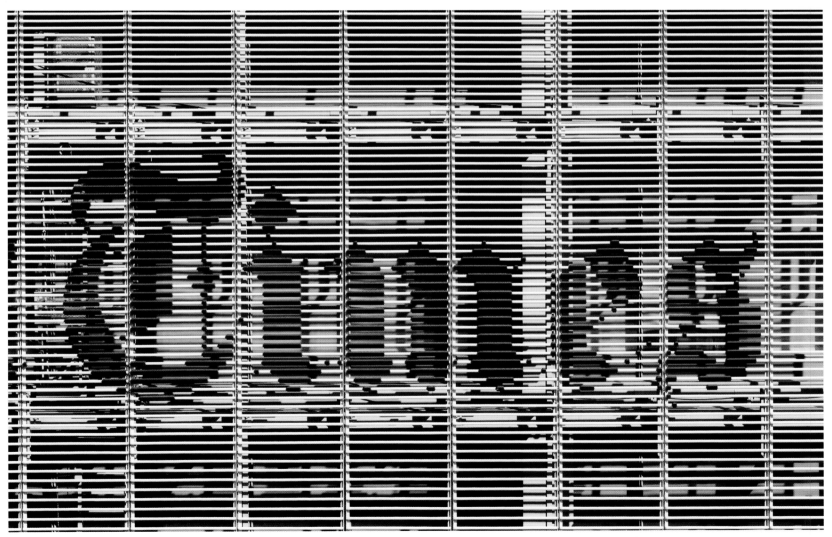

怎样在一座玻璃幕墙的大楼上挂上巨大的标牌又不挡住视线？ 159

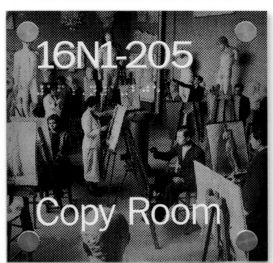

怎样在一座玻璃幕墙的大楼上挂上巨大的标牌又不挡住视线？

怎样让美术馆疯狂起来
艺术与设计博物馆

对页图
我们为艺术与设计博物馆设计的新标志给它的新馆带来了一种新的视觉语言。

左上图
建筑师爱德华·都瑞尔·斯通设计的在哥伦布环岛的纽约最毁誉参半的建筑。

右上图
布拉德·克洛普菲尔的充满争议的把阴暗隧道一样的房间改造成了互相连通的敞亮空间。

艺术与设计博物馆一直就有身份危机。1956年，该馆建成时叫当代工艺博物馆（Museum of Contemporary Crafts），在1986年改名叫美国工艺博物馆（American Craft Museum）。在2002年又改名了，叫艺术与设计博物馆（Museum of Arts and Design），简称MAD。虽然简称很好记，但5年之后还是默默无闻。但是这一切都要改变了。哥伦布环岛（Columbus Circle），位于百老汇街、59街和中央公园西路汇合的一个尴尬的地方，这里矗立着一栋独特的建筑。这栋由爱德华·都瑞尔·斯通（Edward Durell Stone）设计，被批评家阿达·赫克斯塔布尔（Ada Louise Huxtable）说成是"棒棒糖上顶着模切的威尼斯式宫殿"的大楼于1964年完工。本来这栋楼是为了储存和展示杂货零售业富二代亨廷顿·哈特福德的收藏而建的博物馆。不过博物馆只维持了5年。闲置的大楼后来交由纽约市政府管理。2002年，大楼又交给了艺术与设计博物馆。

这栋建筑需要大修。建筑师布拉德·克洛普菲尔（Brad Cloepfil）做了一个很巧妙的方案。在建筑里开一些小门，形成一些穿过地板、天花板和墙壁的通道。我们要为这次"重生"设计新的视觉识别。受到克洛普菲尔的方案的启发，我设计了一个也是单线条的标志。这是我至今非常好的创意之一。但是有个问题：做不成，至少用艺术与设计博物馆英文名字的缩写"MAD"做不成。我听到有的人觉得这个简称有点不雅。我揪住这条，建议把博物馆的名称改成A+D。这个名称强调了博物馆的领域，而且恰好我前面的创意用这个名字能做成。我把这个创意在一系列的会议上展示，带着完成度越来越高的效果图和样品。可还是被否定了。如果一个好创意，但是不可执行，那就不是一个好创意。

那天晚上，我盯着场地看。博物馆正对着曼哈顿唯一的交通环岛。我看看名称里的三个字母。字母里有没有方形和圆形呢？答案是肯定的。最简单的几何图形解决了问题，不再需要绞尽脑汁竭尽全力去推敲了。一个稀有的东西诞生了——一个可以自我推销的方案。这个方案在接下来的会议上全票通过了。

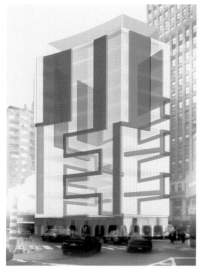
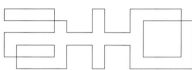

左上图
克洛普菲尔的让人可以一次穿过整个建筑的示意图让人叹为观止，我以此为基础做了第一个概念图。

左中图
决心要做一个和建筑结构相呼应的标志，却发现 MAD 这个简称没法实现我的想法，我建议他们改名为 A+D，这当然不太可能。客户没有买账。

左下图
虽然开了很多会，还做了很多样品，但客户还是觉得不行。内心深处，我自己也觉得应该不行。

下图
我的第二个方案放弃了第一个方案的复杂性，改而用简单的正方形和圆形。简洁又一次胜出了。

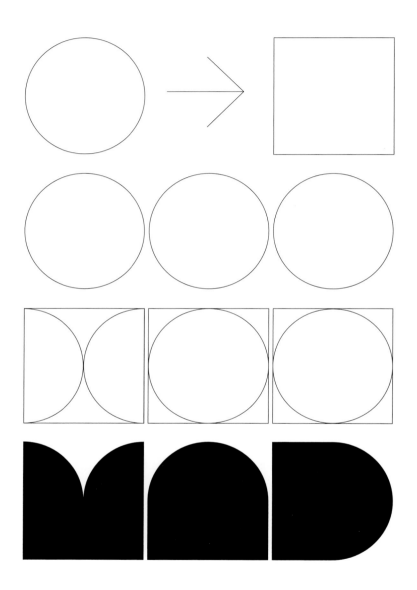

右图

作为一个专注工艺的机构，MAD 的标志能够用各种材料渲染。字母弧形的顶部也和改建后还是可以看见的原建筑的"棒棒糖"立柱相呼应。

下图
我的第一个设计方案应用起来需要精心安排，而新方案应用起来非常容易。

右上图
新的设计语言很合适生成重复图案，可用作博物馆里商店的包装袋。

右中图
把实心的标志做成透明以后就形成了窗口，这样做购物袋正合适。

右下图
MAD销售的周边商品上大量应用了新的标志。五角设计公司的乔·马里安尼克把标志扩展成了一整套字体：MADface。这件T恤衫上写着"你要是看懂这句话你一定是MAD（疯子）。"可以说是对于这种定制字体可读性的一句评语。

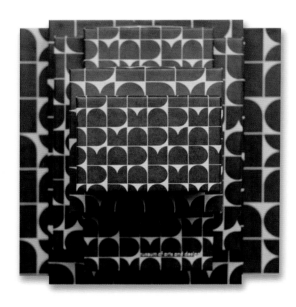

上图
用 MADface 字体，我们创造了一个把口号和标志结合在一起的品牌。

最左图
这套标志被物理化、数字化地整合到建筑里了。

左图和后页图
在2008年9月MAD开馆的时候，这套标志在纽约随处可见。

怎样让美术馆疯狂起来　169

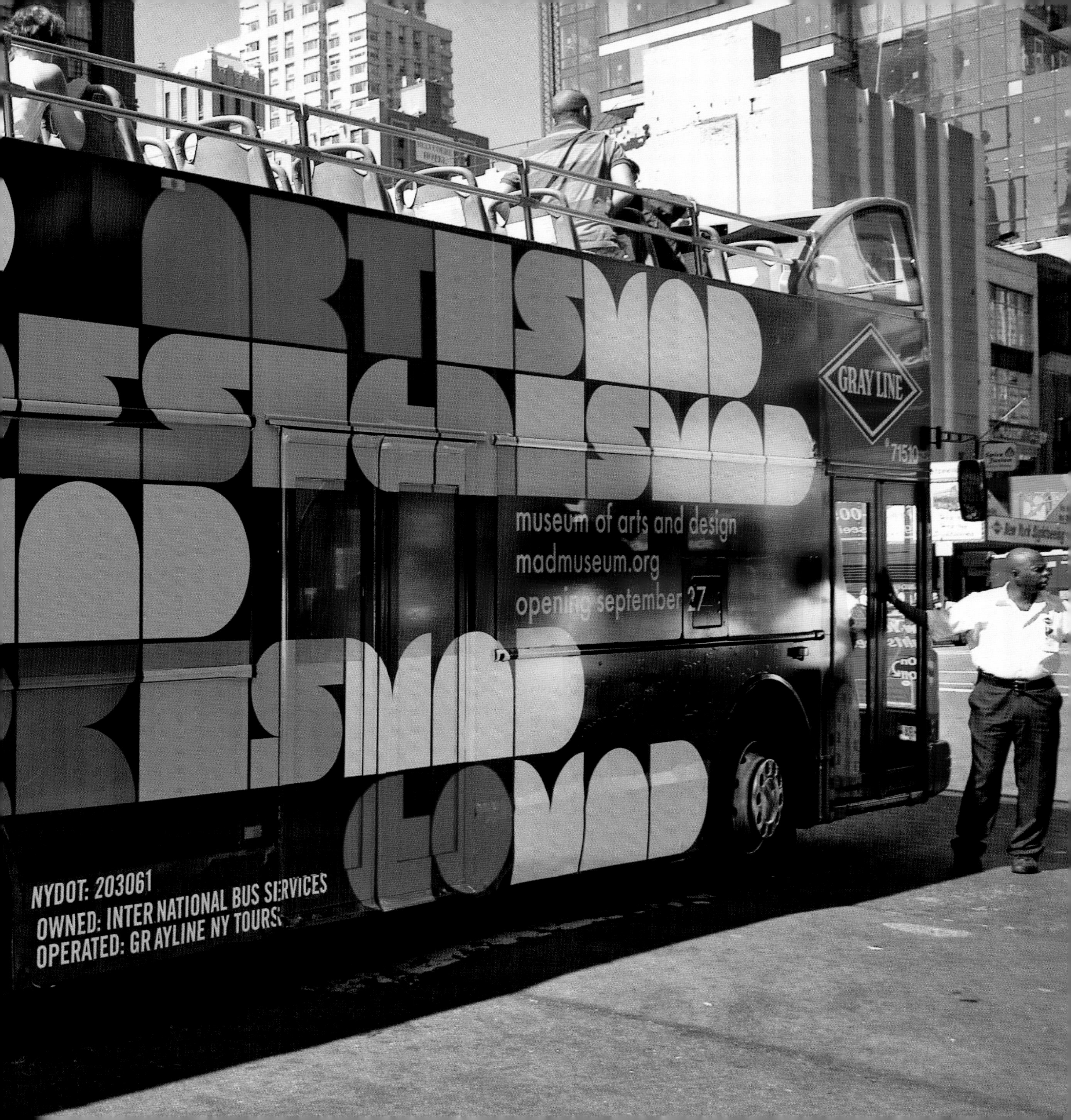
GRAY LINE
71510
museum of arts and design
madmuseum.org
opening september 27
NYDOT: 203061
OWNED: INTER NATIONAL BUS SERVICES
OPERATED: GR AYLINE NY TOURS

GOD

A BIOGRAPHY

JACK MILES

怎样评价一本书

封面与护封

对页图
曾经是耶稣会神学院学生的杰克·迈尔斯（Jack Miles）把《圣经》当作文学来批评，写出了这部引人入胜的著作，并在1996年获得了普利策奖。这本书上三个字母的宏大题目，超出了封面的边框。封面设计就这样自然诞生了。

在我上过任何设计课程之前，我的设计教育都是在书店里完成的。在很多方面，封面设计都是终极的挑战。在本质上，封面设计是一种浓缩（简化）：不管这本书是48页还是480页。无论这本书的内容有多么深奥，或者主题多么复杂，这本书的封面只有一次给人留下印象的机会。就像一盒麦片或者一个汤罐头，设计师的职责是在一个竞争的环境中把产品卖出去。

在书籍销售和书籍本身都在从实体向电子转化的今天，这也还是适用，甚至比以前更是如此。我的目标是让包装最直接地表现内容。

我小时候是个书虫，现在也还是。我读书近乎痴狂。可能这不奇怪，我一直都很难享受一本封面丑陋的书。我最讨厌的是那些改编成电影后再版（"已改编为院线大片！"），封面上用电影主演的剧照来代表书中角色的书，我更愿意自己在大脑中想象。

我最喜欢的是纯文字的封面，比如说《麦田守望者》和《美丽新世界》平装版的封面。这些封面带着一种神秘和庄重，在挑战我去进入一个充满未知的世界。我后来了解到很多作者都带着我这样的倾向；J.D. 塞林格（J.D. Salinger）在他的合同里有一条规定封面上不可以出现任何图片。

这都是在我有幸能设计封面很多年以前了。当我终于有机会设计的时候，毫无疑问，我尽最大努力在构筑图像时只用书的主体：文字。

右图

这本讲述一位母亲自己养育一个自闭症孩子的回忆录的封面,我对文字的处理暗示着母亲和孩子交流时的那种困难。

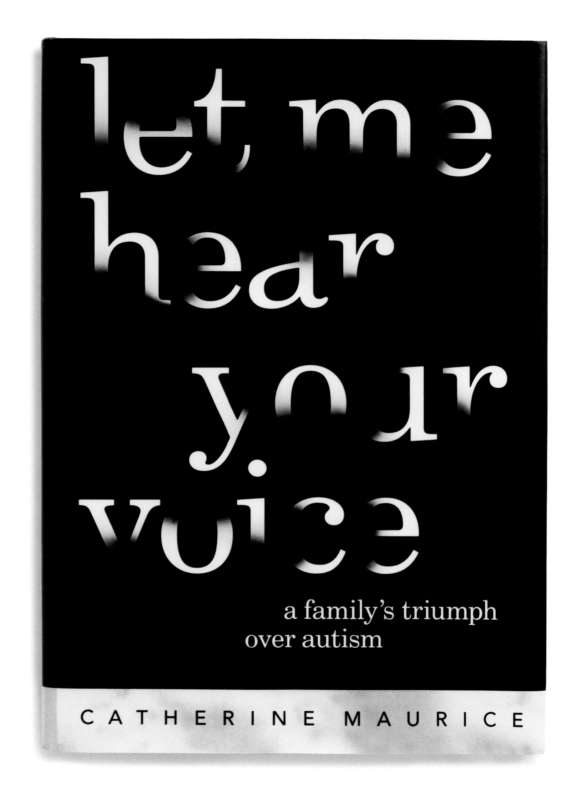

右图

这本回忆录讲述了作者在种族隔离的南方的成长经历。低调的颜色一方面反映了这本书温暖人心的内容,另一方面也代表了作者小亨利·路易斯盖茨(Henry Louis Gates Jr.)文笔的优雅。

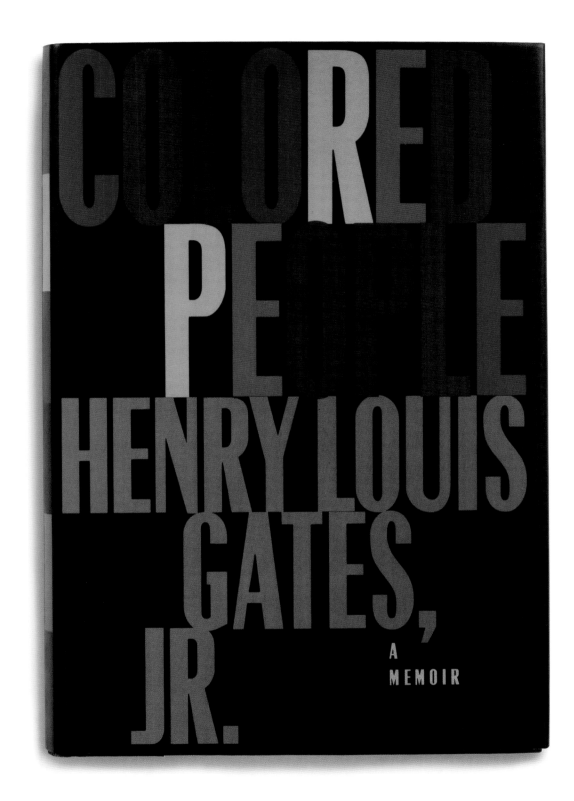

右图

纳博科夫（Nabokov）的新平装系列需要封面，艺术总监约翰·高尔（John Gall）想到了一个很好的主意：他找了十几位设计师，每人一本，然后给了每个人一个那种蝴蝶标本收藏者（就像纳博科夫）用来展示标本的标本盒。每位设计师都在盒子里放上能够让人联想到这本书内容的物品，然后高尔会把盒子拍成照片，然后加上作者的名字，封面就有了。我分到的是纳博科夫优美的回忆录《说吧，记忆》（*Speak, Memory*）。我原来的设计是在几张固定在盒子里的旧照片上盖一层半透明的牛皮纸。我是怎么想的？设计师凯迪·巴塞罗纳，在准备把盒子寄出去的时候，（正确地）说没有照片的话这个封面应该会更让人浮想联翩。

右图

约翰·伯特伦（John Bertram）为尤里·列文（Yuri Leving）的一本很棒的书《洛丽塔：一个封面女孩的故事》（*Lolita: The Story of a Cover Girl*），请了 80 位设计师去为纳博科夫几乎无法设计封面的书设计封面。我们用的素材是一本麦恩法案（Mann Act）。这部 1910 年颁布的法律禁止运送"任何妇女或女童参与卖淫、淫乱，或者其他任何不道德行为"。我想象这本书的作者在一个小镇的图书馆翻阅这本书，然后冲动地撕下一页做成了一封反常的情书。

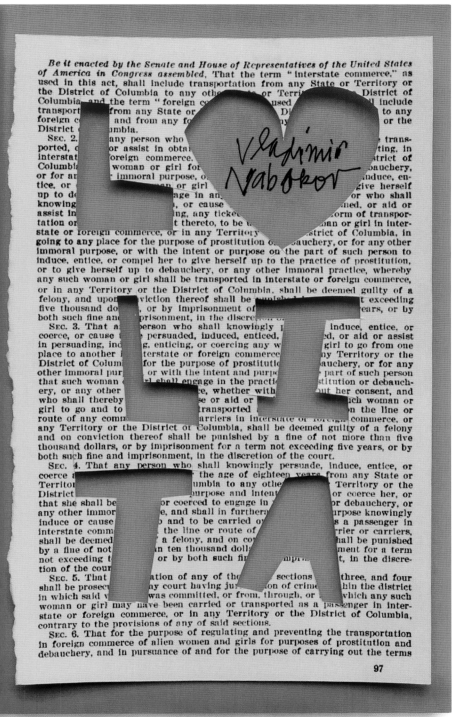

怎样留下印记

标准字与符号

对页图
2012年IDA大会。IDA大会是两年一度的全球性的设计组织的会议。

标志（logo）是一种最简单的视觉传达方式。从根本上来说，它是一种签名，一种表达"这就是我"的形式。文盲的画押是一种标志，伊丽莎白女王和约翰·汉考克的花哨签名也还是一种标志。当然，代表可口可乐、耐克、麦当劳、苹果的那些符号也都是标志。

我们用来描述这些东西的词汇比较混乱。有些标志基本上是文字的，比如说微软的。我把这些叫作标准字（logotypes）或者文字标志（wordmark）。其他的标志是图形的或者图像的，我把这些叫作符号（symbols）。有些标志很直接：苹果的标志是一个苹果，Target 商店的标志是一个靶子。有时候用一些具象的物品当标志，但是这些物品和它们所象征的事物只有间接的关系。Lacoste 的鳄鱼标志是根据公司创始人 Rene Lacoste 的外号来的，而阿迪达斯的三条杠一开始只不过是装饰。有时候标志很抽象，比如说大通银行的"斜切的百吉圈"，还有从1777年就开始使用的世界上古老的标志之一的巴斯麦酒的红三角。

大家有时候会过于重视标志。对于一个公司来说，诚实、优雅、睿智的日常沟通实际上需要持续的巨大努力。而设计标志就相对有始有终。客户知道要花多少预算，设计师也知道应该收多少费用。所以设计师和客户有时候都会放弃明智的挑战，去选择简单直接的标志设计。

当我们观察一个著名的标志的时候，我们看到的不是一个单词、一个图像，或者一个抽象图形，而是常年日积月累的各种隐含的联系。因此，大家经常忘记一件事，那就是新设计的标志往往不带任何意义。它是一个空的容器，等待历史和经验给它注入内容。设计师所能做的就是为将来要注入的内容给这个容器设计一个适合的形状。

禾林出版公司
Harlequin Enterprises，2011
年。主要出版浪漫小说的出版
社。

纽约经济发展公司
New York City Economic Development Corporation，1992 年。标志仿佛渐渐上升的城市高楼天际线。

成功学院
Success Academy，2014 年。
字母的巧合促成了这个设计。

21 世纪酒店
21c Hotels，2005 年。
充满艺术气息的精品酒店。

米勒康胜
Miller Coors,2008 年。
两大酿造巨头合并后,依然专
注啤酒事业。

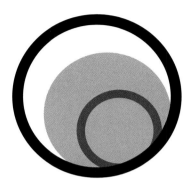

波山
Wave Hill,2002 年。布朗克
斯的公园和文化中心。

百老汇图书
Broadway Books,1996 年。
对角线既象征着书页的折角,
也让人想起那条著名的道路。

IDEO,1997 年。
优化了保罗·兰德设计的标志。

哥谭房地产
Gotham Equities,1992 年。
纽约市的房地产开发公司。

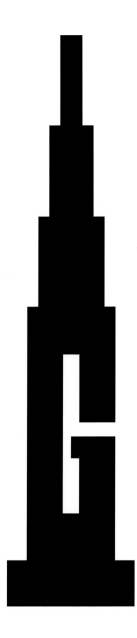

时尚中心
The Fashion Center，1993 年。
给大苹果加了一个大纽扣。

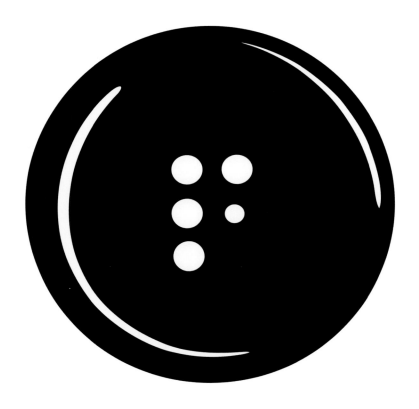

美国时装设计师协会
Council of Fashion Designers of America,1991年。用字体来起强调作用。

联合银行
Amalgamated Bank,2014年。美国服装工人成立的银行,穿插在一起的名称缩写也隐含了机构名称的含义。

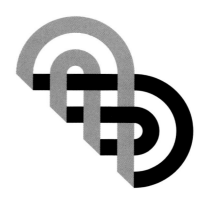

圣彼得堡·清水湾地区会议与观光局
St. Petersburg/Clearwater Area Convention and Visitors Bureau,2010年。最温柔的海浪献给美国最美的沙滩。

美国互动广告局
Interactive Advertising Bureau,2007年。点在潜意识里让人想到.com网络世界。

纽约中央火车站
Grand Central Terminal, 2013
年。钟的指针指向这处地标的
生日——晚上 7 点 13 分，也
就是 19：13。

熨斗区·23 大街合作商业促进区
Flatiron/23rd Street Partnership Business Improvement District, 2006 年。这个标志既像这个街区的道路图，又像熨斗大厦的侧影。

企鹅出版社
Penguin Press，2014 年。这个出版社的标志是以段落符号（pilcrow）为基础设计的。

时装法律学院
Fashion Law Institute, 2011
年。典型的视觉双关。

沃思堡现代艺术博物院
The Modern Art Museum of
Fort Worth, 1999 年。安藤忠
雄设计的一栋倒映在游泳池里
的建筑。

斯克里普斯学院
Scripps College, 2009 年。
该校第 8 任校长的纹章。

米德伍德开发公司
Midwood Equities, 2014 年。
房地产开发商的建筑构件。

钱伯斯酒店
Chambers Hotel, 2001 年。
这个字母组合同时也是一个信
息图。

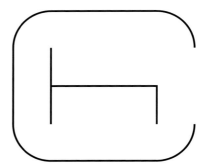

优质学校促进家庭组织
Families for Excellent Schools，2014年。字形创造合作。

富尔顿中心
Fulton Center，2014 年。一个被玻璃天井照亮的交通枢纽大厦。

移民公寓博物馆
Tenement Museum，2007 年。纽约最不寻常的、最贴近生活的历史遗迹。

耶鲁管理学院
Yale School of Management，2008 年。由会议桌变成的纹章。

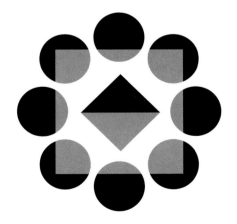

怎样留下印记　187

性博物馆
Museum of Sex,2002 年。
专注人类与性的非营利组织。

museumse**x**

一角募捐步行基金会
March of Dimes,1998 年。
专注婴儿健康的非盈利组织。

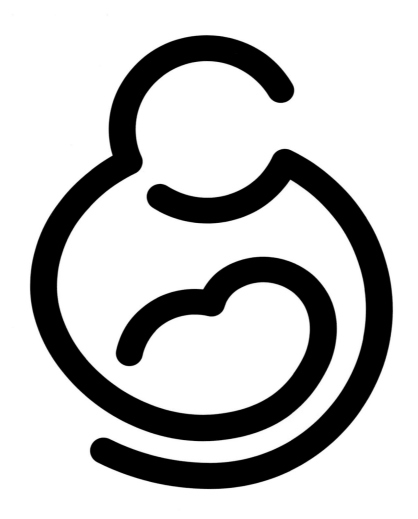

怎样压扁选举
选票箱项目

对页图
被压扁的选举箱象征着混乱并充满争议的 2000 年大选。

上图
我们设计了"怎样压扁选举"的展览和展览图录。封面上切掉的方形很明显象征着选举过后重数选票的主要原因：穿孔纸屑。

在 2000 年，棕榈滩郡臭名昭著的"蝴蝶式选票"让大选陷入了长达数周的僵局。在混乱结束之后，佛罗里达州把 Votomatic 投票机都放在 ebay 上出售。在纽约开宾馆的安德烈·巴拉兹认为这些物品都有历史纪念意义，以 10 美元的价格买了 100 个，并把其中一些送给了朋友。那剩下的怎么办呢？帕森斯设计学院的院长保罗·戈尔德伯格（Paul Goldberger）提议在学校的画廊举办一个展览，他请了 50 位设计师和艺术家，包括大卫·拜恩（David Byrne），邦尼·西格勒（Bonnie Siegler）和艾米丽·欧博曼（Emily Oberman）、弥尔顿·格莱瑟（Milton Glaser）和麦拉·卡尔曼（Maira Kalman）等人。保罗给了每个人一台投票机，进行改造创作。我们承担了这次由天才奇·派尔曼（Chee Pearlman）策展的展览设计，还得到了一个投票机参与创作展览。这次展览在 2004 年 10 月开幕了，正好赶在总统选举前面。

设计师们都把投票机做了复杂巧妙的改装。我的合伙人吉姆·拜博采取了一种不那么低调的方式：我们开着一辆 1.5 吨的压路机从上面碾了过去。我们发现在纽约租一辆压路机非常容易，连驾照都不需要。不过看起来很脆弱的 Votomatic 投票机，其实异常结实。我们轧了好几次才把它压平。这种控制的力量让人很痛快。

我们得到了一件漂亮的约翰·张伯伦（John Chamberlain）式的雕塑。不过粗犷的手段似乎需要更加粗犷的信息。我们买了一头塑料的小象，象是共和党的象征。然后把它放在了那堆东西上面，让大家一看就知道是谁压扁了选举。

LEVER HOUSE
390

怎样穿越时空
利华大厦

对页图
在1999年利华大厦建成50周年之际，SOM和威廉·乔治斯合作开展了对这栋建筑的精细重修。我们对楼里的各种展示牌也做了同样的工作。

上图
利华大厦把钢结构玻璃幕墙大厦带到了曼哈顿中城，成为了接下来半个世纪纽约写字楼的典范。

建筑师、产品设计师和服装设计师总是有那么多可以用的材料：钢铁、玻璃、塑料、织物、涂层。住在纸和像素的世界里的平面设计师，发现自己只剩下一种选择：应该用什么字体？不过这个选择实际上影响巨大。我的合伙人薛博兰说过"文字是有意的，字体是有神的"。这种难以捉摸而且不可言传的特性，恰好是我们最强大的工具和秘密武器。

1999年，我们接到了设计师威廉·乔治斯的电话。著名的地标利华大厦马上要50周年了。乔治斯和这栋建筑的原设计者SOM，正在对这栋大厦进行修缮。所有旧的指示牌都要拆掉换成新的符合21世纪建筑规范的指示牌。他问我们要不要作为设计顾问参与到项目中来。

1952年建成的时候，利华大厦可以说让纽约为之一变。SOM的戈登·邦夏（Gordon Bunshaft）给公园大道的北面设计了第一栋玻璃幕墙钢结构建筑。之前公园大道是清一色的棕色砖石建筑。长方形的建筑拔地而起，底层用立柱抬高做成了敞亮的过道，形成一种很精致的效果。汉斯和弗洛伦斯·诺尔（Hans and Florence Knoll）做了内装设计，雷蒙德·洛威（Raymond Loewy）设计了公开的展览，然后大家认为建筑里的指示牌也是他设计的。

我们去看了一次就认定建筑里的那些指示牌的字体没法在现代字体中找到对应的。我们不得不决定把大多数预算都用在通过现有的一些字母还原出一套字体的工作上。我们请乔纳森·霍夫勒（Jonathan Hoefler）和托比亚斯·弗雷里-琼斯（Tobias Frere-Jones）来做字体的复刻，然后我们就得到了完美的Lever Sans字体。这种字体让人想起《广告狂人》，但是没有使用那种把字体当成时间机器的俗滥手法。一个字母"R"就能塑造出加里·格兰特（Cary Grant）的《西北偏北》中的纽约印象的说法是荒诞的。但是我认为确实是这样。

右图
新用途、新住户、新规定,所以需要新的标志牌。旧的标牌都拆掉,换上了用Lever Sans体排的新牌子。我们希望人们不要意识到这种更替。

上图
如果只是给利华大厦配一个既有的字体,比如说Futura体或者Neutraface体,那就相当容易了。但是大楼里原有标牌上的字体,虽然残损不全,但是特点显著,无法忽视。

对页图
乔纳森·霍夫勒和托比亚斯·弗雷里-琼斯通过8个字母衍生出一整套字体。特别是数字,因为没有参照物,极具挑战性。最后的结果是一套定制的字体,和大楼的其他部分一样,与大楼浑然一体。

ABCDEF
GHIJKLMN
OPQRST
UVWXYZ
12345
67890

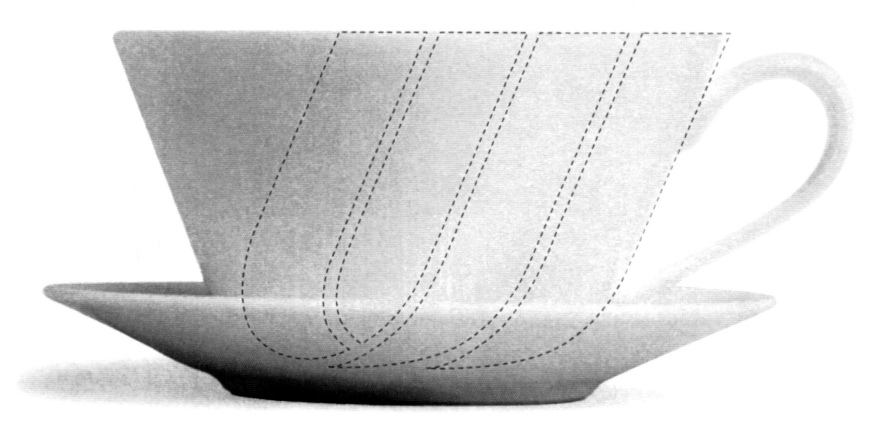

怎样为长途飞行打包

美联航

对页图与上图

在内部被称为"郁金香"的美联航的标志，是在1973年由传奇设计师索尔·巴斯（Saul Bass）设计的。就在我们决定要优化这个标志的设计的时候，它突然被弃用了。我们和美联航的项目包括"不用品牌来树立品牌"的试验。比如说丹尼尔·威尔用标志上的曲线设计了飞机专用咖啡杯。

美联航的市场部那时候在找设计顾问。他们后来告诉我，我们是所有设计师团队里面一个没有想要改飞机涂装的团队。我记得我跟他们说"乘客又不是坐在飞机外面"。不过说实话，其实是因为我们从来没有做过飞机的设计，作品集里也没有涂装飞机的案例。所以见面的时候，我们列举了熟悉的项目进行说明：餐厅、杂志、标牌、咖啡杯。我的理论是航空公司需要设计的不是宣传，而是体验。

就这样，一段15年的合作开始了。一开始我就请来了伦敦分公司的合伙人，跨领域、能说多国语言、多才多艺的丹尼尔·威尔（Daniel Weil）。丹尼尔负责立体的东西，我负责平面的东西。我们每个月都去芝加哥的美联航总部待上好几天，跟他们各个部门的人见面开会讨论。每个客户都是一次挑战，像我们一样有几百个客户，挑战呈级数增长。

我们的策略是不去设计一套抽象的标准，而是像游击队一样深入战区去做大大小小的项目，慢慢地、系统性地描绘出一个现代航空公司的视觉和体验。我们设计了第一台自动出票机的外壳和用户界面。我们设计了菜单、叉子、哨子、登机门的指示牌、毛毯，还有枕头。我们重新优化并启用了索尔·巴斯设计的经典标志。8年之后，我们终于着手涂装了飞机。

可惜好景不长。美联航和一个竞争对手合并了。因为协议条款的缘故，而不是出于市场的考虑，新公司用了美联航的名称和对手的标志。新的时代开始了，这是一段精彩的旅程。

下图

我们说服客户去掉名字里的“航空”的字样，然后重新设计了一个文字标志来强调名称里所具有的力量。这个单词就是让空中旅行成功的奥秘。

UNITED

左上图
我们不放过任何让旅客更好地获得信息的机会，包括进登机门的时候。

右上图
我们对航空公司俱乐部的设计，包括了新的入口指示牌。

下图
我们带来了一种新的使用标志的方式，这样的图案让人想到飞行的震撼感。

怎样为长途飞行打包　199

左上图
旅客的飞行体验的关键不在于品牌宣传,而在于能够实在触摸到的东西。我们在提议要改变飞机外部标志之前,就先提议要换机用毛毯。

右上图
减少飞机上的浪费,意味着印刷品要更精简,菜单之类的东西要能多次使用。

下图
装着牙膏和眼罩的便利袋也设计成轻盈可多次使用的。

左图
很早我们就设计了一套导览手册，定下了接下来设计的简单原则。

上图与后页图
终于，在几乎 8 年之后，到了重新涂装飞机外壳，迎合美联航的新精神的时候了。

Nuts.com

怎样玩转一个棕色的纸箱
Nuts.com

上图
原来的包装上印着有点不太对劲的名称："Nuts Online"（线上坚果）。

对页图
有"Poppy"之称的杰夫·布雷弗曼在大萧条前夕创立了Nuts.com公司，一开始叫纽瓦克坚果公司，现在也出售果干、零食、巧克力和咖啡。

杰夫·布雷弗曼本来不计划继承家业的。他的祖父在1929年创立了纽瓦克坚果公司，在桑树街上推着一辆小车卖花生。在1998年，杰夫去读宾大沃顿商学院的时候，他的父亲和叔叔们已经把这家公司转变成了一个初具规模的零售店。而杰夫则在银行工作。

不过杰夫用业余时间建了一个网站，有一个冗长的、典型的web1.0名称：nutsonline.com. 他在《Inc》杂志的采访中说："我给网站定的目标是一天10单。"但是马上网上的销售几乎就超过了线下的销售。就这样，杰夫离开了银行界，开始了坚果销售。经过十几年的发展，网站上有2000多个品类，年销售额达到了2000万美元。杰夫终于可以得到他一直想要的网址：Nuts.com。现在公司有了新网址，杰夫请我们重新设计产品的包装。

商品包装是美国设计领域的一个惨淡的子集。货架上充斥着沉迷于消费者调查的大公司的产品。让风险最低化，意味着审美、创新和别致的最高化。所以杰夫的要求犹如春风扑面。他不需要在杂货店里和其他商品竞争，因为他的顾客是自己到网上来买东西的。他觉得包装对于他的产品来说就是礼物的包装。他说："我想让收货变成一件大事。"Nuts.com没有投放广告，他们的快递盒其实就是快递小哥拿着的移动广告牌。

我们受到杰夫和他家人的启发。虽然在一个6万平方英尺（约5574.18平方米）的仓库里做着数百万美元的生意，他们随和得就像他们还推着一辆小车在桑树街卖花生。嗯，不能用印刷字体了。我的手写字变成了一套叫作Nutcase（译者注：疯子、怪人）的定制字体。我们用这种字体在包装上印满了布雷弗曼家族成员的坚果形象，写满了跟坚果有关的宣言。在两年之内，Nuts.com的销售增加了50%，这是真诚的、古怪的个性驱动的好设计的力量。

ABCDEFGHIJKL
MNOPQRSTUVW
XYZ0123456789
aBCDEFgHiJKLM
NOPQRSTUVWXyZ
0123456789ABC
dEFGhIJKLMn
OPQRSTUVWXYZ

Nuts.com

对页图
我的手写字被设计师杰瑞米·米克尔（Jeremy Mickel）转换成了定制字体。

右图
Nuts.com是一个家族企业，很有天赋的插画师（原五角设计公司实习生）克里斯托弗·尼曼（Christoph Niemann）画了一张全家福，右二是我们的客户杰夫·布雷弗曼。

下图
尼曼画的卡通角色做成透明效果，为了能看到各种干果。

后页跨页图
从棕色的纸箱到单独的封装，收到 Nuts.com 的包裹是有趣的体验。

Nuts.com

CAUTION: YUMMY treats INSIDE. OPEN at YOUR RISK! HUNGRY YET?

Nuts.com

怎样闭嘴倾听

新世界交响乐团

一开始，一切都看起来那么水到渠成。迈克尔·提尔森·托马斯（Michael Tilson Thomas），这位既有魅力又有远见的指挥家、钢琴家、作曲家，在为他最重大的项目建造一个新家。全世界有天赋的音乐家们都会聚集在这栋由盖里设计的位于迈阿密滩的建筑里。当我们被邀请设计标志的时候，似乎我们的素材非常多——音乐、建筑、知识……提尔森·托马斯想要一个"流畅"的标志。

可是解决方案一直未能出现。我的第一个方案是一个变形的圆滑文字的组合。我做出这个方案的时候，以为会一发中的。交响乐团的副执行主席维多利亚·罗伯茨（Victoria Roberts）用尽量礼貌的方式告诉我，这个标志让一些人恶心。第二个方案没有那么特立独行，但是也许太稀松平常了。我开始摆弄 NWS 这个缩写，虽然我一开始抵触这么做，结果有点太刻板而且太商业。这个过程中，提尔森·托马斯还是给我们鼓励和支持，但是我能感觉到他渐渐有些不耐烦了。

终于，我收到了一封邮件，附件是提尔森·托马斯自己画的 6 幅草图。我很沮丧。我觉得他是已经厌烦了我天马行空的乱撞后，决定告诉我正确答案，然而那些草图我也完全看不出名堂来。看起来像是 3 个字母的缩写连接成一个类似天鹅的东西。难道我就执行这个创意吗？我肯定不会告诉客户怎样指挥交响乐团，但怎么会有人敢告诉我怎样设计标志？

然后，我意识到我收到的其实是一份馈赠。迈克尔·提尔森·托马斯过着周游世界的生活，经常飞到全世界各地演出。但是就在这样的繁忙之中，他挤出时间来考虑我的问题，还把一些想法记录在了纸上。我又看看那些草图，发现那条贯通的线，就像指挥家的手势，有一样我的设计中没有的东西——流畅。这其实是他一直想要的东西，而我囿于自己的想法对这些都充耳不闻。几个小时之内，我就找到了定稿的方案。

对页图与上图

弗兰克·盖里（Frank Gehry）的随性草图精确地抓住了新世界交响乐团在迈阿密滩主馆的精神。颇具巧合的是，盖里和 NWS（新世界交响乐团）的艺术总监迈克尔·提尔森·托马斯一起长大，实际上他还照看过提尔森。

左图

我想到第一个创意的时候，就已经找到了解决方案。我把 3 个单词放在 3 个曲面上进行组合，意在让人想起盖里的建筑。NWS 的维多利亚·罗伯茨告诉我们这个方案"让一些人想吐"。这不是我们想得到的反馈。

右图

衬线字体和非衬线字体相交替的是第二个方案，想要表达的是新世界交响乐团在继承交响乐传统的同时，在一个典型的 21 世纪的空间里演绎——是优雅，但是太平淡了。

NEWWORLD SYMPHONY

左图
一开始我努力克制使用字母"NWS",因为这3个字母的音节其实跟全称一样多,所以在读出来的时候用缩写并不精简。而且总的来说我就是不喜欢缩写,即使我的客户常被称作MTT。我们的这次尝试一开始还是去模拟交响乐团的建筑。为了表现"流畅",我们还做了手绘版。这两版我们都不喜欢。

上图
这栋建筑碎片化的分隔内部空间,让人想到用前景背景的手法来表现。我们的设计师伊夫·路德维格做了一个不错的方案。但是我觉得这个标志更适合化工企业,而不是文化机构。

怎样闭嘴倾听 213

下图

迈克尔·提尔森·托马斯最后开始动笔了。发给我一些一开始让我怒不可遏的草图。不过，后来我意识到这些是解决方案的关键。

右图

把3个字母像一个动作一样贯穿在一起，让人联想到指挥家的指挥棒、声波，还有弗兰克·盖里的原稿。我的挑战是怎样把"N"、"W"和"S"交织在一起。

在一个和笔记本度过的悠长周末之后方案出来了，既对称又统一。

下图

在最终稿里，我们决定把一些地方断开，这样更容易看出是3个字母。

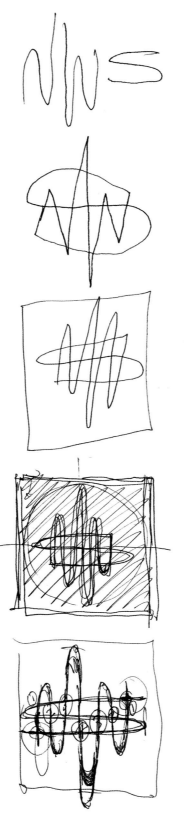

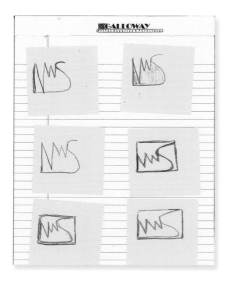

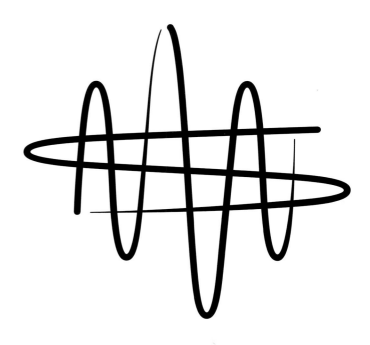

214　怎样用设计改变世界　　　　　新世界交响乐团

左图
最后的结果充分表现了客户一直想要的那种流畅感。

怎样闭嘴倾听　215

			Title	Artist	Peak	Wks
1	1	**#1 6 WKS**	**LOCKED OUT OF HEAVEN**	Bruno Mars	1	15
			THE SMEEZINGTONS,J.BHASKER,E.HAYNIE,M.RONSON (BRUNO MARS,P.LAWRENCE II,A.LEVINE)	ATLANTIC		
5	2	**DG SG**	**THRIFT SHOP**	Macklemore & Ryan Lewis Feat. Wanz	2	15
			R.LEWIS (B.HAGGERTY,R.LEWIS)	MACKLEMORE/ADA/WARNER BROS.		

The track crowns Hot Digital Songs (2-1), hiking by 18% to 279,000 downloads sold, according to Nielsen SoundScan. It rules the new Streaming Songs survey (see page 66), registering 1.5 million streams (up 17%) and charges 38-22 on Hot 100 Airplay (44 million audience impressions, up 33%), according to Nielsen BDS.

			Title	Artist	Peak	Wks
4	3		**HO HEY**	The Lumineers ▲	3	32
			R.HADLOCK (W.SCHULTZ,J.FRAITES)	DUALTONE		
3	4	**AG**	**I KNEW YOU WERE TROUBLE.**	Taylor Swift ▲	2	13
			MAX MARTIN,SHELLBACK (T.SWIFT,MAX MARTIN,SHELLBACK)	BIG MACHINE/REPUBLIC		
2	5		**DIAMONDS**	Rihanna ▲	1	16
			STARGATE,BENNY BLANCO (S.FURLER,B.LEVIN,M.S.ERIKSEN,T.E.HERMANSEN)	SRP/DEF JAM/IDJMG		
8	6		**SCREAM & SHOUT**	will.i.am & Britney Spears	6	7
			LAZY JAY (W.ADAMS,J.MARTENS,J.BAPTISTE)	INTERSCOPE		
11	7		**DON'T YOU WORRY CHILD**	Swedish House Mafia Feat. John Martin	7	17
			AXWELL,S.INGROSSO,S.ANGELLO (J.MARTIN,M.ZITRON,AXWELL,S.INGROSSO,S.ANGELLO)	ASTRALWERKS/CAPITOL		

The EDM trio scores its first Hot 100 top 10 with its first chart entry. The cut ranks at No. 2 on the new Dance/Electronic Songs chart (see page 79).

			Title	Artist	Peak	Wks
7	8		**BEAUTY AND A BEAT**	Justin Bieber Featuring Nicki Minaj	5	14
			MAX MARTIN,ZEDD (MAX MARTIN,A.ZASLAVSKI,S.KOTECHA,O.T.MARAJ)	SCHOOLBOY/RAYMOND BRAUN/ISLAND/IDJMG		
6	9		**HOME**	Phillip Phillips ▲2	6	29
			D.PEARSON (D.PEARSON,G.HOLDEN)	19/INTERSCOPE		
10	10		**I CRY**	Flo Rida	6	16
			THE FUTURISTICS,SOFLY & NIUS,P.BAUMER,M.HOOGSTRATEN (T.DILLARD,A.SCHWARTZ,J.KHAJADOURIAN,R.JUDRIN,P.MELKI,B.RUSSELL,S.CUTLER,J.HULL,M.CAREN)	POE BOY/ATLANTIC		
22	21	24	**LET ME LOVE YOU (UNTIL YOU LEARN TO LO...**			
			STARGATE,REEVA,BLACK (S.C.SMITH,S.FURLER,T.E.HERMANSEN,M.HADFIELD,M.DIS CALA)			
42	34	25	**DAYLIGHT**			
			A.LEVINE,MDL,MAX MARTIN (A.LEVINE,MAX MARTIN,SAMM,M.LEVY)			
28	32	26	**HALL OF FAME**	The Script Fea...		
			D.O'DONOGHUE,M.SHEEHAN,J.BARRY (D.O'DONOGHUE,M.SHEEHAN,W.ADAMS,J.BARRY)			
38	27	27	**LITTLE TALKS**	Of Mo...		
			OF MONSTERS AND MEN,A.ARNARSSON (N.B.HILMARSDOTTIR...			
30	33	28	**I'M DIFFERENT**			
			DJ MUSTARD (T.EPPS,D.MCFARLANE)			
23	26	29	**CLIQUE**	Kanye West,...		
			HIT-BOY,K.WEST (C.HOLLIS,S.M.ANDERSON,K.O.WEST,S.C.CARTER,J.E.FAUNTLEROY II)			
19	23	30	**CRUISE**	Flori...		
			J.MOI (B.KELLEY,T.HUBBARD,J.MOI,C.RICE,J.RICE)			
25	31	31	**WANTED**			
			D.HUFF,H.HAYES (T.VERGES,H.HAYES)	AT...		
46	35	32	**I WILL WAIT**	M...		
			M.DRAVS (MUMFORD & SONS)	GENTLEMAN O...		
39	40	33	**BETTER DIG TWO**			
			D.HUFF (B.CLARK,S.MCANALLY,T. ROSEN)			
44	36	34	**ADORN**			
			MIGUEL (M.J.PIMENTEL)			
41	44	35	**EVERY STORM (RUNS OUT OF RAIN)**			
			G.ALLAN,G.DROMAN (G.ALLAN,M.WARREN,H.LINDSEY)			
33	37	36	**LITTLE THINGS**			
			J.GOSLING (E.SHEERAN,F.VEVAN)			
34	28	37	**TOO CLOSE**			
			DIPLO,SWITCH,A.RECHTSCHAID (A.CLARE,J.DUGUID)			
29	38	38	**NO WORRIES**	Lil Wayne F...		
			DETAIL (D.CARTER,N.C.FISHER,B.WILLIAMS,J.A.PREYAN,R.DIAZ)	Y...		
17	25	39	**WE ARE NEVER EVER GETTING BACK TOG...**			
			MAX MARTIN,SHELLBACK,D.HUFF (T.SWIFT,MAX MARTIN,SHELLBAC...)			
27	29	40	**CALL ME MAYBE**	C...		
			J.RAMSAY (J.RAMSAY,C.R.JEPSEN,T.CROWE)			
51	49	41	**RADIOACTIVE**	Im...		
			ALEX DA KID (IMAGINE DRAGONS,A.GRANT,J.MOSSER)			

怎样荣登榜首
《公告牌》杂志

上图
1966年，我还是个孩子的时候，这本音乐行业的"圣经"是这个样子的。

对页图
原大呈现在这里的这份精密的100热歌榜单密密麻麻地排满了各种信息，仔细阅读的人会收获很多。

像很多20世纪60年代的孩子一样，我也为音乐痴狂。不过，跟我大多数朋友不同，我不满足于只是听听收音机里的40首热歌连放。我每个星期都到本地图书馆的期刊室，花好长时间去阅读音乐行业的"圣经"——《公告牌》（Billboard）杂志。

《公告牌》杂志是美国很有历史的杂志之一。在1894年创刊时是一本户外广告业的业内刊物。后来它的内容开始涵盖马戏、歌舞杂耍、杂技，然后随着点播机在20世纪30年代的出现，也开始介绍后来成为杂志重心的音乐内容。随着摇滚的崛起，这本杂志在我出生几周前的1958年8月推出了具有传奇性质的100热歌榜单。我不知道为什么我会对"100热歌榜单"和相对应的"200最佳专辑"如此痴迷。也许是因为我发现"人气"——这个让我在初中食堂里百思不得其解的概念，原来是可以这样精细地计算出来的。每次我最喜欢的乐团登上榜首，就好像替我登上了一次巅峰。榜单周围那些让人晕头转向的术语看不懂也无所谓，自我感觉终于成为业内人士了。

所以在40年后，我被邀请为电子音乐的新世界重新设计《公告牌》的时候，我异常兴奋。杂志的刊头，可以说，自1966年Tommy James and the Shondells的《Hanky Panky》登上金曲榜榜首的时候开始就没怎么变过。但是榜单数量庞大许多，现在不但有墨西哥专辑榜单，还有手机铃声榜单。

这是我做过的信息设计项目里比较复杂的。与《公告牌》的艺术总监安德鲁·霍顿（Andrew Horton）协作，我们用一个14栏的网格贯穿了整本杂志。我们把刊头强化了，突出了它简单的集合和鲜亮的色彩。那些已经慢慢退化成粉色系水潭的各式榜单，也通过运用强烈的黑白对比的方式，让它们重获当年的权威，并更易于阅读。

没想到即使是在数字时代，歌星们还是想要展示他们首次登上榜首的榜单。我们做了适合装框的信息设计。

右图

杂志刊名的每个字母几乎都是由圆形和竖线组成的,可以说是设计师的梦想成真。即使我们把它完全重构了,还是能读出来。最顶上的是原来的刊头,最下面的是最后的定稿,中间的是一些过程稿。

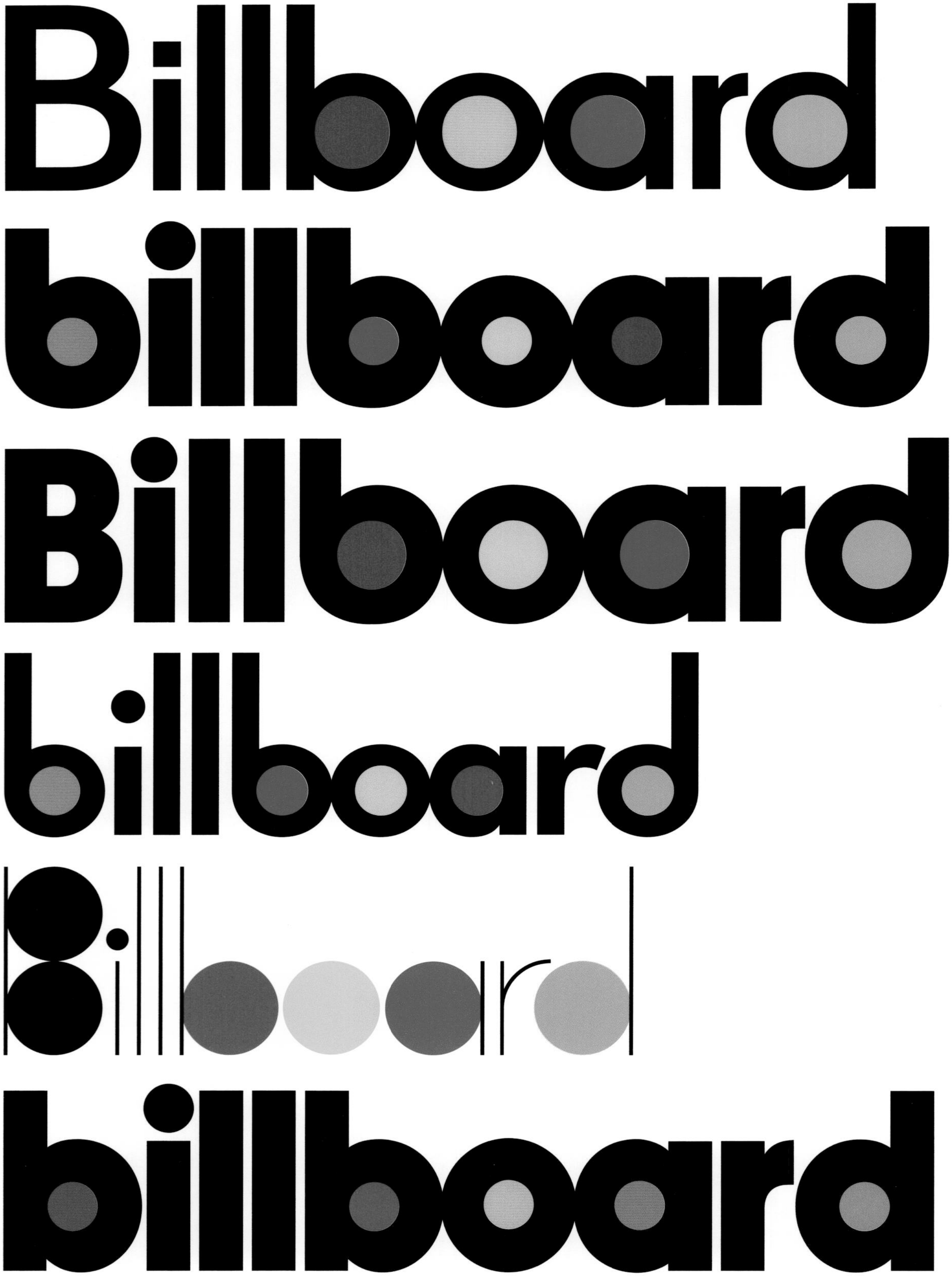

Billboard
billboard
Billboard
billboard
Billboard
billboard

《公告牌》杂志

右图

消费者导向的新封面风格，代表着这本行业内部杂志现在已经进入了粉丝们的世界。

右图

刊头粗黑的黑白几何意味着我们应该用类似结构的大标题字体,还有强对比的版面元素。

对页图

得益于五角设计公司的同事莱兹·何和迈克尔·迪尔的不懈努力,这些已经颇显臃肿的榜单重现了往日的辉煌。

右图

《公告牌》杂志是流行文化的标志。经过我们的重新设计,读者可以轻而易举地追踪一首歌在榜单上的轨迹。迅速上升的热歌用白色的圆点标示出来。每周上升最多的歌曲会标上一个红色条幅。每首歌在榜单上的最高位置,还有星期都会写在题目的右边。榜单的数据用的是克里斯坦·施瓦茨(Christian Schwartz)设计的易读的 Amplitude 字体,榜单的名称和杂志里的大标题一样,都是用了像黑胶一样圆的 LL Brown 字体。

222　怎样用设计改变世界　　　　　《公告牌》杂志

LAST WEEK	THIS WEEK	TITLE PRODUCER (SONGWRITER)	Artist IMPRINT/PROMOTION LABEL	CERT.	PEAK POS.	WKS. ON CHART
53	51	I DRIVE YOUR TRUCK K.JACOBS,M.MCCLURE,L.BRICE (J.ALEXANDER,C.HARRINGTON,J.YEARY)	Lee Brice CURB		51	11
50	52	GET YOUR SHINE ON J.MOI (T.HUBBARD,B.KELLEY,R.CLAWSON,C.TOMPKINS)	Florida Georgia Line REPUBLIC NASHVILLE		50	8
RE-ENTRY	53	MADNESS MUSE (M.BELLAMY)	Muse HELIUM-3/WARNER BROS.		53	26

After a four-week break, the song returns at a new peak. After setting the mark for the longest reign in the Alternative chart's history (19 weeks), it continues gaining on Adult (14-13) and Mainstream Top 40 (30-29).

LAST WEEK	THIS WEEK	TITLE	Artist	CERT.	PEAK POS.	WKS. ON CHART
55	54	SOMEBODY'S HEARTBREAK D.HUFF,H.HAYES (A.DORFF,L.LAIRD,H.HAYES)	Hunter Hayes ATLANTIC/WMN		54	17
51	55	KISS YOU C.FALK,RAMI (SHELLBACK,R.YACOUB, C.FALK,S.KOTECHA,K.LUNDIN,K.FOGELMARK,A.NEDLER)	One Direction SYCO/COLUMBIA		46	12
59	56	LOVEEEEEEE SONG FUTURE (N.WILBURN,R.FENTY,D.ANDREWS,G.S.JACKSON,L.S.ROGERS)	Rihanna Feat. Future SRP/DEF JAM/IDJMG		55	7
68	57	ALIVE RAIN MAN (J.YOUSAF,Y.YOUSAF,K.TRINDL,N.LIM,J.UDELL)	Krewella KREWELLA/COLUMBIA		57	5
62	58	PIRATE FLAG B.CANNON,K.CHESNEY (R.COPPERMAN,D.L.MURPHY)	Kenny Chesney BLUE CHAIR/COLUMBIA NASHVILLE		58	4
100	59	GONE, GONE, GONE G.WATTENBERG (D.FUHRMANN,T.CLARK,G.WATTENBERG)	Phillip Phillips 19/INTERSCOPE		59	2
70	60	POWER TRIP J.L.COLE (J.COLE,H.LAWS)	J. Cole Featuring Miguel ROC NATION/COLUMBIA		60	5
60	61	R.I.P. DJ MUSTARD (J.W.JENKINS,D.MCFARLANE,T.EPPS,N.DEVAUGHN,A.YOUNG,R.MUKHI, D.JACKSON,G.WEBSTER,A.NOLAND,L.BONNER,R.MIDDLEBROOKS,M.MORRISON,M.JONES,M.PIERC)	Young Jeezy Featuring 2 Chainz CTE/DEF JAM/IDJMG		59	6
49	62	BETTER DIG TWO D.HUFF (B.CLARK,S.MCANALLY,T.ROSEN)	The Band Perry REPUBLIC NASHVILLE	△	28	20
48	63	ONE OF THOSE NIGHTS B.GALLIMORE,T.MCGRAW (L.LAIRD,R.CLAWSON,C.TOMPKINS)	Tim McGraw BIG MACHINE		32	16
RE-ENTRY	64	22 MAX MARTIN,SHELLBACK (T.SWIFT,MAX MARTIN,SHELLBACK)	Taylor Swift BIG MACHINE/REPUBLIC		44	3

Following the start of her *Red* tour in Omaha, Neb. (March 13), the third pop single from her like-titled album re-enters Hot Digital Songs at No. 57 (32,000, up 163%) and arrives as the highest debut (No. 61) on Hot 100 Airplay (18 million in audience, up 115%).

LAST WEEK	THIS WEEK	TITLE	Artist	CERT.	PEAK POS.	WKS. ON CHART
61	65	I'M DIFFERENT DJ MUSTARD (T.EPPS,D.MCFARLANE)	2 Chainz DEF JAM/IDJMG		27	18
67	66	IF I DIDN'T HAVE YOU NV (S.THOMPSON,K.THOMPSON,J.SELLERS,P.JENKINS)	Thompson Square STONEY CREEK		66	11
65	67	NEXT TO ME CRAZE,HOAX (E.A.SANDE,H.CHEGWIN,H.CRAZE,A.PAUL)	Emeli Sande CAPITOL		65	4
58	68	C'MON DR. LUKE,BENNY BLANCO,CIRKUT (K.SEBERT,L.GOTTWALD,D.LEVIN,MAX MARTIN,B.MCKEE,H.WALTER)	Ke$ha KEMOSABE/RCA		27	13
66	69	NEVA END MIKE WILL MADE-IT (N.WILBURN,M.L.WILLIAMS II,P.R.SLAUGHTER)	Future A-1/FREEBANDZ/EPIC		52	15
57	70	TORNADO J.JOYCE (N.HEMBY,D.MAID)	Little Big Town CAPITOL NASHVILLE	●	51	19
72	71	GIVE IT ALL WE GOT TONIGHT T.BROWN,G.STRAIT (M.BRIGHT,P.O'DONNELL,T.JAMES)	George Strait MCA NASHVILLE		71	11
80	72	LOVE AND WAR D.CAMPER, JR. ,M.RIDDICK,L.DANIELS,T.BRAXTON)	Tamar Braxton STREAMLINE/EPIC		57	8
69	73	MERRY GO 'ROUND L.LAIRD,S.MCANALLY,K.MUSGRAVES (K.MUSGRAVES,J.OSBORNE,S.MCANALLY)	Kacey Musgraves MERCURY NASHVILLE		63	14

2 WKS. AGO	LAST WEEK	THIS WEEK	TITLE PRODUCER (SONGWRITER)	Artist IMPRINT/PROMOTION LABEL	CERT.	PEAK POS.	WKS. ON CHART
44	64	74	ONE WAY OR ANOTHER (TEENAGE KICKS) J.BUNETTA,J.RYAN (D.HARRY,N.HARRISON,J.O'NEILL)	One Direction SYCO/COLUMBIA		13	5
-	98	75	SHOW OUT MIKE WILL MADE-IT (J.HOUSTON,J.W.JENKINS,S.M.ANDERSON)	Juicy J Featuring Big Sean And Young Jeezy KEMOSABE/COLUMBIA		75	2
64	71	76	WICKED GAMES DOC,C.MONTAGNESE (A.TESFAYE,C.MONTAGNESE,D.MCKINNEY)	The Weeknd XO/REPUBLIC		53	20
HOT SHOT DEBUT		77	FREAKS RICO LOVE,E.THOMASON (K.KHARBOUCH,O.T.MARAJ,RICO LOVE, D.L.DAVIS,Q.RILEY,E.BONNER,S.DUNBAR,J.C.TAYLOR,J.O.WILLIS)	French Montana Feat. Nicki Minaj BAD BOY/INTERSCOPE		77	1
83	76	78	I CAN TAKE IT FROM THERE J.STROUD (C.YOUNG,R.AKINS,B.HAYSLIP)	Chris Young RCA NASHVILLE		76	6
79	74	79	BATTLE SCARS PRO J (W.JACO,G.SEBASTIAN,D.R.HARRIS)	Lupe Fiasco & Guy Sebastian 1ST & 15TH/ATLANTIC		73	22
-	96	80	KISSES DOWN LOW MIKE WILL MADE-IT,MARZ (M.L.WILLIAMS II, M.MIDDLEBROOKS,T.THOMAS,T.THOMAS,K.ROWLAND)	Kelly Rowland REPUBLIC		80	2
-	84	81	HIGHWAY DON'T CARE B.GALLIMORE,T.MCGRAW (B.WARREN,B.WARREN,M.IRWIN,J.KEAR)	Tim McGraw With Taylor Swift BIG MACHINE		59	3
82	75	82	WE STILL IN THIS B**** MIKE WILL MADE-IT,MARZ (B.R.SIMMONS, JR.,M.L.WILLIAMS II, M.MIDDLEBROOKS,T.J.HARRIS, JR.,J.HOUSTON)	B.o.B Feat. T.I. & Juicy J REBELROCK/GRAND HUSTLE/ATLANTIC		75	5
58	63	83	HEY PORSCHE DJ FRANK E,D.GLASS,M.FREESH,T.MAZUR,H.KIPNER (D.E.GLASS,H.KIPNER,B.S.ISAAC,J.FRANKS,C.HAYNES, JR.)	Nelly REPUBLIC		42	4
86	81	84	LIKE JESUS DOES J.JOYCE (C.BEATHARD,M.CRISWELL)	Eric Church EMI NASHVILLE		81	4
74	73	85	WHO BOOTY RAW SMOOV (D.J.GRIZZELL,S.A.WILLIAMS,K.KHARBOUCH)	Jonn Hart Featuring IamSU! COOL KID CARTEL/EPIC		66	14
78	82	86	DON'T JUDGE ME THE MESSENGERS (C.M.BROWN,N.ATWEH,A.MESSINGER,M.PELLIZZER)	Chris Brown RCA		67	20
NEW		87	DONE. D.HUFF (R.PERRY,N.PERRY,J.DAVIDSON,J.BRYANT)	The Band Perry REPUBLIC NASHVILLE		87	1
75	79	88	THE ONLY WAY I KNOW M.KNOX (D.L.MURPHY,B.HAYSLIP)	Jason Aldean With Luke Bryan & Eric Church BROKEN BOW	●	40	19
84	87	89	STUBBORN LOVE R.HADLOCK (W.SCHULTZ,J.FRAITES)	The Lumineers DUALTONE		70	14
NEW		90	SO MANY GIRLS NOT LISTED (NOT LISTED)	DJ Drama Feat. Wale, Tyga & Roscoe Dash APHILLIATES/EONE		90	1
90	83	91	GOLD D.MUCKALA (B.NICOLE,D.MUCKALA,J.CATES)	Britt Nicole SPARROW/CAPITOL CMG/CAPITOL		83	3
98	92	92	MORE THAN MILES D.HUFF (J.EDDIE,B.GILBERT)	Brantley Gilbert VALORY		92	3
NEW		93	1994 M.KNOX (THOMAS RHETT,L.LAIRD,B.DEAN)	Jason Aldean BROKEN BOW		93	1

Aldean's ode to the year that Joe Diffie ruled Hot Country Songs with two No. 1s becomes the eighth Hot 100 hit whose title is a year. Others include Phoenix's "1901," Bowling for Soup's "1985" and Prince's "1999." See the full list in Billboard.com's Chart Beat column. —*Gary Trust*

2 WKS. AGO	LAST WEEK	THIS WEEK	TITLE	Artist	CERT.	PEAK POS.	WKS. ON CHART
99	90	94	LEVITATE LOADSTAR (HADOUKEN!,A.SMITH,N.HILL,G.HARRIS)	Hadouken! SURFACE NOISE		90	3
85	85	95	CUPS C.BECK,M.KILIAN (A.P.CARTER,L.GERSTEIN,D.BLACKETT,H.TUNSTALL-BEHRENS,J.FREEMAN) UME	Anna Kendrick		64	12
87	86	96	DOPE M.ROBERTS (M.NGUYEN-STEVENSON,W.L.ROBERTS II, M.ROBERTS,J.JACKSON,C.C.BROADUS JR.,C.WOLFE,A.YOUNG)	Tyga Featuring Rick Ross YOUNG MONEY/CASH MONEY/REPUBLIC		68	6
91	88	97	LOVE SOSA YOUNG CHOP (K.COZART,T.PITTMAN)	Chief Keef GLORY BOYZ/INTERSCOPE		56	14
93	92	98	CHANGED D.HUFF,RASCAL FLATTS (G.LEVOX,N.THRASHER,W.MOBLEY)	Rascal Flatts BIG MACHINE		73	4
-	74	99	BUZZKILL J.STEVENS (L.BRYAN,R.THIBODEAU,J.SEVER)	Luke Bryan CAPITOL NASHVILLE		74	2
89	94	100	LITTLE THINGS J.GOSLING (E.SHEERAN,F.BEVAN)	One Direction SYCO/COLUMBIA	●	33	18

> I'M NOT 'BOUT TO JUDGE YOU, DON'T JUDGE ME. YOU AIN'T GOTTA REALLY SING ABOUT YOUR RAP SHEET.

"BAD"—WALE FEATURING TIARA THOMAS

Q&A
Tiara Thomas

You co-wrote and sang on Wale's "Bad," which jumps 45-38 on the Billboard Hot 100 this week. You're signed to his Board Administration management/label. How did you first link with him?
[A friend] was like, "Hey, let's go to Atlanta for spring break." We went and I had a fake ID; I was under 21 at the time. We wanted to go to the club. It was like, "There's Wale, let's take a picture with him." Afterward, I sent him some YouTube videos I had online. Three months later, he hits me up: "Yo, I'm gonna fly you out to New York."

How did you come up with "Bad"?
There was this rap song called "Some Cut" by Trillville. It used to be one of my favorite songs when I was younger. It's really vulgar; I wanted to find a way to cover the song and make it sound pretty. Seven months after I dropped it on YouTube, Wale listened to it, and he really liked it. He put his verses on it and took the song to a whole new level.

So it started as your YouTube clip, and now it's the lead single on his new album?
It was just a cover at first. I just had other lyrics on there on top of the hook. Wale kind of created a story out of it—it's like a girl anthem. That's crazy. That's what I like so much about it: A rapper puts out a girl anthem. —*Chris Payne*

怎样让人信服

Ted航空公司

对页图
我们的想法很简单，白飞机，短名称，一定要大。就像我在这个品牌投入市场的时候跟《纽约时报》说的一样，"当我们想到的时候，我们意识到这很不简单，在 United 的名称里竟然就藏着我们在寻觅的昵称，可以说是一个小奇迹"。

我们的想法很简单—白飞机、短名称，一定要大。就像我在这个品牌投入市场的时候跟《纽约时报》说的一样，"当我们想到的时候，我们意识到这很不简单，在 United 的名称里竟然就藏着我们在寻觅的昵称，可以说是一个小奇迹"。

从设计学院毕业的时候，我觉得一个最好的创意应该是不言自明，能够自己说服客户的。这不对。结果我发现找到设计问题的解决方案只是第一步。接下来，至关重要的是要说服其他人你的方案是正确的。这为什么很难呢？

第一，虽然有时候我们很幸运地只有一名固执的客户，但实际上我们经常需要说服一群人。而且项目越重要，这群人就越多（而且越难控制）。第二，一个设计决定的正确性很少能用计算器验证。这些往往依赖于直觉和品位之类的模糊概念。最后，任何好的设计决定最终都需要一次冒险的信仰般的跨越。要救赎这些不敢于冒险的教众，我们往往需要把会议室变成宣道帐篷。在2003年，我们的客户美联航决定要推出一个廉价航空品牌来和JetBlue美西北航空、新晋的Delta的Song公司，还有加拿大航空的Tango竞争。他们请我们为新航空公司设计，更具挑战的是，让我们为新公司想个名字。（不是所有人都觉得自己是一名设计师，但是每个哪怕是个只养过一条金鱼的人都觉得自己是个命名大师。）

在几个月的工作中，讨论了100多个名字，多次中途结束的演示之后，我的合伙人丹尼尔·威尔（Daniel Weil）和同事大卫·吉布斯（David Gibbs）给这个美联航的讨人喜欢的、友好的、更和气的小弟想了一个完美的名字：Ted。这个名字本来就是个昵称，然后取自已经家喻户晓的大哥的名字的最后三个字母。我们要很有说服力。不过因为牵扯到上上下下很多人，包括市场部的头约翰·蒂格（John Teague）和主席葛兰·提尔顿（Glenn Tilton），我们也知道要说服客户就可能比较麻烦。我们做了一个65页的演示，让整个方案看起来不但绝对正确还很好玩。到现在为止，所有我做过的演示里，这个是我最喜欢的。

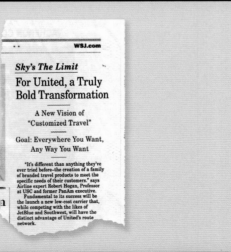

左图
我们想要新的航空公司成为美联航旗下的一个新增的自然组成部分,而不是充满竞争的市场中的一个迟到者。为了更加生动地阐明这一点,我们在演示的开头放了这样两张虚拟的剪报。

每个人都知道,一个好的演示就像讲一个有起承转合的故事。我们加入的时候,客户已经把这个美联航廉价航空的商业项目研究了一年。我们提醒他们很重要的一点,外面的世界并不了解他们的经营策略,也并不关心这些策略是否有效。

美联航的独特之处在于,新的航空公司会被嵌入既有的庞大网络里。这就意味着新公司的设计必须和我们原来做的那些设计相协调,包括飞机的涂装。我们有意把关于新航空公司的设计和名称的决策分开。两者放在一起,会让讨论乱成一团,因为肯定有人会喜欢一个名称,但是又喜欢另一种设计。

我给公司的各个团队一遍又一遍做这个演示。这是我准备的演示里面少有的每次都能达到效果的演示。当然,有一个很棒的设计方案帮助很大。

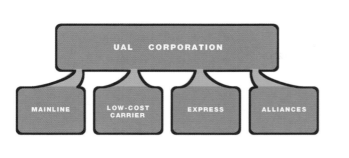

Two tools
The look and feel of the LCO identity
The LCO name

LCO brand profile

Brand advantages
Competitive pricing
Mileage Plus benefits
Options and frequency
Connected network
A United brand

Brand attributes
Trustworthy
Reliable
Good service
Customer first
Understanding
Open
Energized

Brand experience
Retail
Friendly
Active
Engaging
Entertaining
Attractive
Simple
Changing
Social

上图
我们用了两个图标来标示内部对美联航的认识（树形部门结构），与顾客对公司的认识（互联的网络）截然不同。

右图
每个部门都有一个已经定型的设计风格，新的公司怎样才能融入呢？

上图
相对于文字，我一般更喜欢在演示中使用图像，但是对于这些听众，我觉得文字应该更能产生共鸣。

怎样让人信服 227

Close-in vs. further out

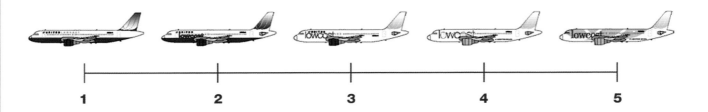

1 2 3 4 5

上图
我们把选择名称与选择设计相关联但是分开决策。

右图
我们的推荐是,设计应该相似到让人产生信赖感,但是又区别到让人有惊艳感。沿用美联航的字体,保留"郁金香"标志,但是用新的橘黄色,公司蓝色标准色的互补色。

Approach

No invented words (Allegis, Avolar)
Be energetic and inspiring
A clear relationship with United
Avoid "me too" options
Manage expectations

DEFINITION:
One who flies
PROS:
Passenger-focused
Simple and familiar, but hip
Participatory, energetic
Comfortable fit with current culture
FlyerFares, I'm a Flyer, Be a Flyer
CONS:
Vaguely retro

DEFINITION:
A variable color averaging a dark, silvery blue
PROS:
Indi (as in independent) + go
A shade of (United) blue
Sounds modern
Direct spanish translation
CONS:
Unfamiliar word to most

Expected vs. Unexpected

```
  1         2         3         4         5
  ATA    Freedom Air      jetBlue               Tango
America West  AirTran   Spirit       Virgin Blue
  West Jet  Frontier   Easy Jet                  Song
Southwest          Ryanair
```

DEFINITION:
The color at the long-wave extreme of the visible spectrum
PROS:
The energetic "other half" of United
Clear implications for visual rollout
Takes on Virgin Blue and jetBlue
Easy to say, remember, pronounce
Means "network" in spanish
CONS:
In the red, seeing red

DEFINITION:
A curved line forming a closed or partly open curve; a circuit
PROS:
Describes the flight network
Sounds fun
Additional meaning in Chicago area
Easy to say, remember, pronounce
CONS:
Whimsical, "loopy"

UNITED

TED

DEFINITION:
Short for Theodore (Greek, "Divine Gift")
A literal "part of United"

PROS:
Friendly, "first name basis"
Unique to the industry
Easy to say, remember, pronounce
Trus**ted**, exci**ted**, libera**ted**, res**ted**
"Ted E-fares", I'm with Ted

CONS:
Unorthodox, riskier

上图

揭开我们最推荐的名称是演示中我最喜欢的环节。我问,"你为了宣传这个名称在过去75年里已经花了多少钱?""10亿美元?如果我能给你一个已经花了5亿美元的名字呢?"然后观众都会对我的答案(还有背后的伪数学)哈哈大笑。不过观点是很明确的,就是新名称一直就藏在原来的名称里。

右图

大家马上就明白了用一个人名(而且还是一个昵称)来暗示一种个人化的服务的优势。这个选项马上就让别的选项看起来是硬凑的。新的标志里的大写的"T"是从美联航的"UNITED"里面借来的。我们后来把口号改成了"美联航的一部分"(Part of United),精练、简单而且从好几个角度讲都是正确的。

右图

在新航空 Ted 登陆之前，法隆全球（Fallon Worldwide）广告公司的斯图尔特·德罗萨里奥（Stuart D'Rozario）和鲍勃·巴里（Bob Barrie）制作了一个非常有趣的预告片。在推出之前，针对 Ted 的神秘身份做了超过 100 多项操作：在市中心的餐厅为某个人买咖啡，在当地的慈善机构捐款，在马拉松比赛里赞助运动员。这些都是以神秘的 Ted 的身份做的。在 2004 年 2 月 Ted 推出的时候，秘密解开了。这次试行只坚持了 4 年就又被吸收回了总公司。

但其实 Ted 一直都是盈利的，而且它的很多创新促进了美联航在濒临破产之后的复兴。而且，参与过这个项目的美联航人都经历了从零开始创造的过程，并把这种经验应用在他们职业生涯中的其他项目上。

Be on a first-

Meet Ted. A new, low-fare service that flies to fun de

me basis with an airline.

ions. You can book now for flights that start February 12. Ted. Part of United.

www.FlyTed.com

怎样到你要去的地方

纽约市交通署

对页图

在这个项目里,我们和负责基本指路策略(wayfinding strategy)的规划顾问City ID合作。

T-Kartor开发了地图数据库,工业设计师比尔斯·杰克森(Billings Jackson)设计了这些指路牌和地图的框架,而RBA Group给我们带来了在这样一个复杂的都市空间中安装这套指示系统所需要的民用工程专业知识。

纽约是一个很复杂的地方。曼哈顿严紧整齐的网格、用数字标号的街道,都是1811年的"委员会规划"(the Commissioners' Plan)所制定的。但是在市中心未形成网格的地方,你会发现西4街和西11街交叉。而在皇后区,另外一条11街同时依次穿过44弄、44路、44街。可以说纽约的城市规划是有逻辑的,除了没有逻辑的地方。而对于布鲁克林,人们说:"想都别想了。"

很多年来,各个社区为了引导迷路的行人制作了他们自己的路牌和地图。在20世纪90年代我们为纽约拥挤复杂的金融区设计了这样一套系统。我们发明了一种新的视觉形式,在金融区很管用,但是和纽约其他各区的几十种系统毫无关系。终于,在2011年,纽约市交通署决定做一个涵盖整个纽约市5个市区的WalkNYC系统。我们加入了一个要先为5个试点制作地图和指示牌的跨界的团队。

我们很快发现当今世界大家导航的习惯已经出现了"翻天覆地"的变化。一直以来,城市指路系统都是这样的:一张静态的地图,所有地点标注都是确定的,上北下南。但是现在大家都习惯于用GPS,期待着地图能够根据自己的位置切换内容,并可以放大显示更多信息。我们要设置在城市各角落的这些印刷版地图能够满足这些期待吗?基于一个灵巧,而且可以无限定制、任意改变视角、拥有大量细节的数据库,我们的团队设计这些可以带来数字化体验的模拟地图。

在2013年的时候这些地图被放在了已经建造好的遍布城市的漂亮支架上。这些地图现在可以在单车共享点、地铁站还有高速巴士站见到。虽然人人都有手持设备,但是这些地图的周围总是围满了想要在这个美丽复杂的城市找到目的地的人们。

城市指路系统是一个需要多领域的专家协作的一个非常复杂的系统。人们实际上是怎样找路的？他们需要什么信息？应该在哪里给他们提供这些信息？要回答这些问题意味着要做大量的工作和访问，在路上拦住行人问问他们要去哪里，怎么去。

纽约市交通署告诉我们WalkNYC不单单会影响如何找路，还会影响公共健康（鼓励大家多走路）和经济发展（人行道人多会带来更多的生意）。关键是要简明，但是要达成这一点完全不简单。我们的任务是把地图数据转换成不但易于使用的地图，还要像维奈里的纽约地铁标牌和弥尔顿·格莱瑟"I Love NY"（我爱纽约）的图案。

右上图
City ID的顾问们带着我们的团队参加了很多社区的考察来决定指路牌的位置和内容。

右中图
在飞机场这样的地方，大家都从同一个大门出来，大家的目的都一致。要了解人们在这样的地方怎样找路已经很复杂了。在一个城市里，大家可能从任何地方到任何地方，可能是新来的人也可能是老居民，可能是步履匆匆也可能迷路了，这种高度的复杂性代表着如果要找到解决方式就要做一些选择。

右下图
我们要不要把北边叫作住宅区（uptown）？我们怎么确定步行的距离？哪些建筑物可以出现在地图上？在白天或者夜晚，哪些颜色最易认？这种细节数不胜数。

对页图
我们尝试了很多不同的字体，但是没有哪种比Helvetica体更有权威感。其实也没什么惊讶的，纽约地铁的使用者们从20世纪70年代开始就信任这种字体，为什么不把这种地下的视觉语言延伸到地上呢？我们做了一个我多年以来一直想做的小修改：所有的方形点都改成了圆形点。这个为DOT（交通署）所做的定制修改还是很明显的。

Midtown
Tribeca
Chinatown
Flatiron
You are here
ij!?:;.

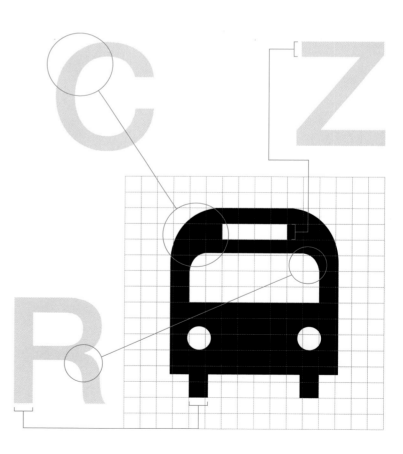

左图
因为我们在处理绵密繁杂的信息，所以每一个图形元素都必须非常精确。比如说美国平面设计师协会的罗杰·库克（Roger Cook）和唐·莎诺斯基（Don Shanosky）在 1974 年为美国交通部设计的这些图标满足了我们的一部分需求，但是并不全。我们修改了一些图标（把自行车的图标改成了纽约的新共享单车的样式），也设计了一些新的带着纽约为人熟知的口号的购物袋。

对页图
平面设计师哈米士·史密斯（Hamish Smyth）是我们团队 WalkNYC 项目的负责人。这些地图上的建筑图标也是他画的。即使科技进步了，有些东西还是无法自动化。一个团队实习生把这近百个图标画了出来。每一个都是精品。

下图
我们希望这些信息图标看起来像是文字设计的延展。这意味着要做数百个小的修改。这些图标的设计都是由设计师杰西·立德统筹的。

左上图

关于配色有许多争论。我们推荐的是用一组和纽约本身相搭配的低调的灰色。

左下图

我们在纽约市设置了各种大小的指路牌。在关键的地点放了大型的路牌，那种最小的路牌被装在了空间稀缺的拥挤地段。也就是说指路牌的大小是根据周围环境决定的。

对页图

指路牌所包含的信息量十分惊人。这些地图印在乙烯材料上面，外面是在需要更新时易于拆卸的玻璃板。

后页跨页图

作为纽约市曼哈顿和布鲁克林共享单车项目的一部分，这些地图可以说到处都是。成千的人开始使用那些自行车，上百万的人开始使用这些地图。

"朝向映射"（heads-up mapping）指的是一种根据读者所面对的方向来确定地图方位设置的地图学方法。传统的地图一般都是上北下南。朝向地图的话，如果读者面朝南方，那么地图的上方就会是南面。包括我在内的很多人都对这个系统持怀疑态度，在这个大家都认为"布朗克斯在上边，巴特利在下面"的城市，这种系统怎么能成功呢？

但是我被早期的测试说服了。测试结果是高达84%的参与者都喜欢"朝向映射"的地图。很明显，数字地图和全球定位系统改变了我们导航的习惯。后来，《纽约时报》在报道这套指路系统的时候做了一个非正式的抽样调查，发现十个纽约人中有六个不知道哪个方向是北方。看来"朝向映射"要在这里发挥作用了。

citi bike

左上图

我们相信告示牌只有真的有必要的时候才应该使用电子屏幕。这些导视牌上有实时的纽约巴士时间表信息。

右上图

这些牌子可以承受住撞击、破坏和纽约严酷的寒冬。

左图

这些为了 24 小时的人工照明调整了色彩的指路地图,被安排在纽约的各个地铁站里。

对页图

这些用来安置地图的装置在设计时考虑了和纽约现代主义建筑的和谐搭配。

244　怎样用设计改变世界　　　　　　　　　　　纽约市交通署

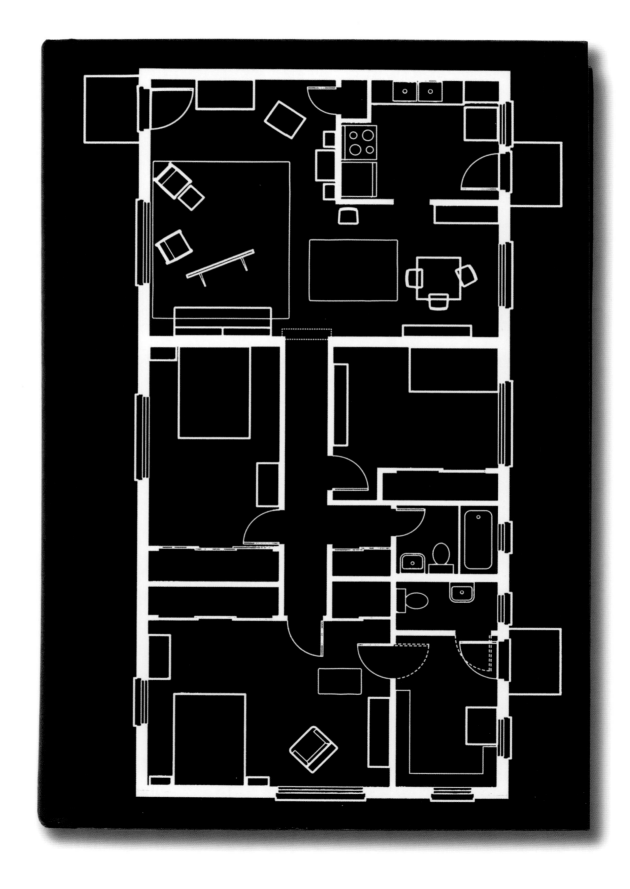

怎样调查一起谋杀案
《错误的荒野》

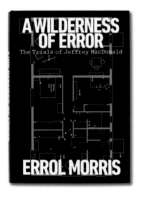

对页图与上图
《错误的荒野》(A Wilderness of Error)是一本关于一位妻子与两个孩子的谋杀案的破案过程。它的封面与护封上分别展示了麦克唐纳德家的平面图和谋杀案发生次晨警察在各处发现的血迹样本。奇怪的是,4个家庭成员的血型都互不相同。这给破案带来了很大难度。

导演埃罗尔·莫里斯(Errol Morris)痴迷于真相。他的电影的关键人物是知道真相的人,不想知道真相的人,想要阻止他人了解真相的人,或者想要揭开真相的人。做过私人侦探的莫里斯很清楚物证怎样支持或者推翻证人的证词。所以在他的电影中,有时候占据了很关键的位置的是一些没有生命的物体:文件、照片、雨伞、茶杯。莫里斯的成名作是1988年上映的《细细的蓝线》(The Thin Blue Line)。这部影片用访谈和再现的方式调查了一起不为人知的达拉斯警员被枪击案。这部精彩的电影歌颂了一个被错判死刑的人。

有天赋而且精力充沛的埃罗尔·莫里斯还写书。在2012年他决定以另一起数十年前的罪案为蓝本进行创作。1970年2月17日,军医杰弗里·麦克唐纳德(Jeffrey MacDonald)的妻子和孩子都在他们北卡罗来纳州的布拉格堡(Fort Bragg)的家中被谋杀了。虽然杰弗里一直坚持他们是被入侵者杀害的,但他还是被判有罪。他从1982年开始坐牢,但是一直坚持自己无罪。自那以后,出现了以这个事件为主题的好几本书和两部电视电影。莫里斯坚信还是有很多可以发现的东西。

莫里斯根据这个案件写成了《错误的荒野》,这起案件却完全没有那么黑白分明。这本书的设计,我们想要避开常见的犯罪纪实类书籍。我们把注意力放在了那些从犯罪当晚留存下来的奇怪的物证上面。这些物证有:一张茶几、一个花盆、一个玩偶、一个木马、一件睡衣。这些不会说话的"证人"让真正的破案变得十分困难。它们被一次又一次地检查研究,可以说对于熟悉这个案件的人来说,这些东西是标志性的。我们把这些东西都简化成了线条。莫里斯意识到这些不带感情色彩的物件可以成为贯穿整本书的视觉符号。我们最后用了差不多50幅。封面上的麦克唐纳德狭小的家的平面图代表着一处让人幽闭恐怖的荒野。在这里,这些神秘的事件发生了,也是在这里的某处,藏着真相。

右图与后页跨页图

埃罗尔·莫里斯因为《战争迷雾》(The Fog of War)获得了奥斯卡奖,还获得过麦克阿瑟基金会的"天才奖金"。我是通过《细细的蓝线》接触到他的作品的。这部电影跟以前看过的所有电影都不一样。罪犯、警察、律师和证人的略微尴尬的采访,把各不相同的证词进行超现实的现场还原;奇怪的插叙,还有飞利浦·格拉斯让人起鸡皮疙瘩的配乐。这些东西组合在一起是一次纪录片制作的革命。到现在我已经看过很多遍了。我最喜欢的一个镜头是一杯巧克力奶昔慢动作地从空中飞过,掉在地上,变成一滩水,呈现噩梦般犯罪的一个平常的节点。

麦克唐纳德的案件充满了这样被抬升为标志性物件的日常用品。每一件物品都代表一项巨大的犯罪。莫里斯希望我们用这些物品的图片来搭建这本书的结构,整理真相与正义的复杂主题。五角设计公司的伊夫·路德维格主导了这本书的设计,而这些插图是尼可·斯库尔提斯(Niko Skourtis)带领的团队绘制的。

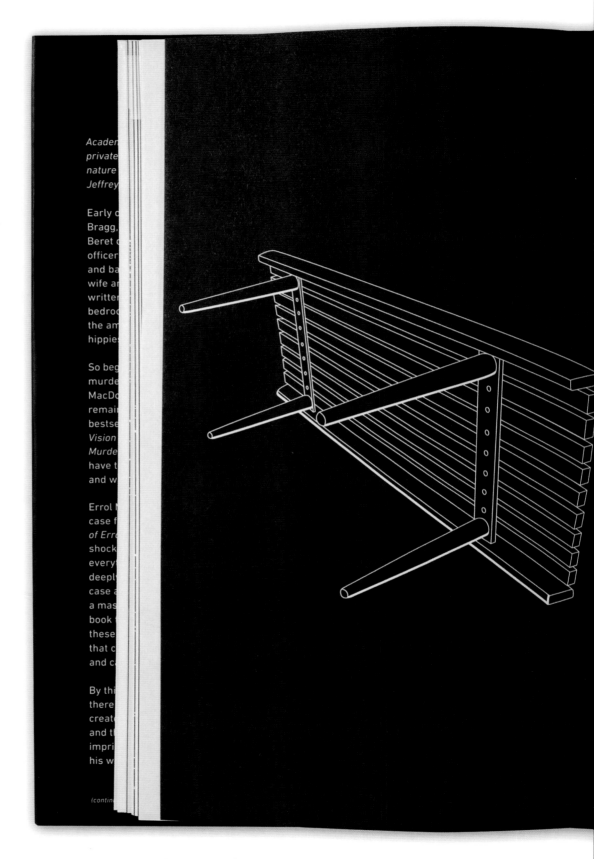

248　怎样用设计改变世界　　　　　　《错误的荒野》

5
THE IMPOSSIBLE COFFEE TABLE

You'd better think less about us and what's going to happen to you, and think a bit more about yourself. And stop making all this fuss about your sense of innocence; you don't make such a bad impression, but with all this fuss you're damaging it.
—Franz Kafka, *The Trial*

When Jeffrey MacDonald was brought in for questioning on April 6, 1970, less than two months after the murders, he was read his rights, declined to have an attorney present, and a tape recorder was turned on. The interview was conducted by CID chief investigator Franz Grebner, Agent William Ivory, and Agent Robert Shaw. Grebner first asked for MacDonald's account of the events of February 17.

> And I went to bed about—somewheres around two o'clock. I really don't know; I was reading on the couch, and my little girl Kristy had gone into bed with my wife.
> And I went in to go to bed, and the bed was wet. She had wet the bed on my side, so I brought her in her own room. And I don't remember if I changed her or not, gave her a bottle and went out to the couch 'cause my bed was wet. And I went to sleep on the couch.
> And then the next thing I know I heard some screaming, at least my wife; but I thought I heard Kimmie, my older daughter, screaming also. And I sat up. The kitchen light was on, and I saw some people at the foot of the bed.

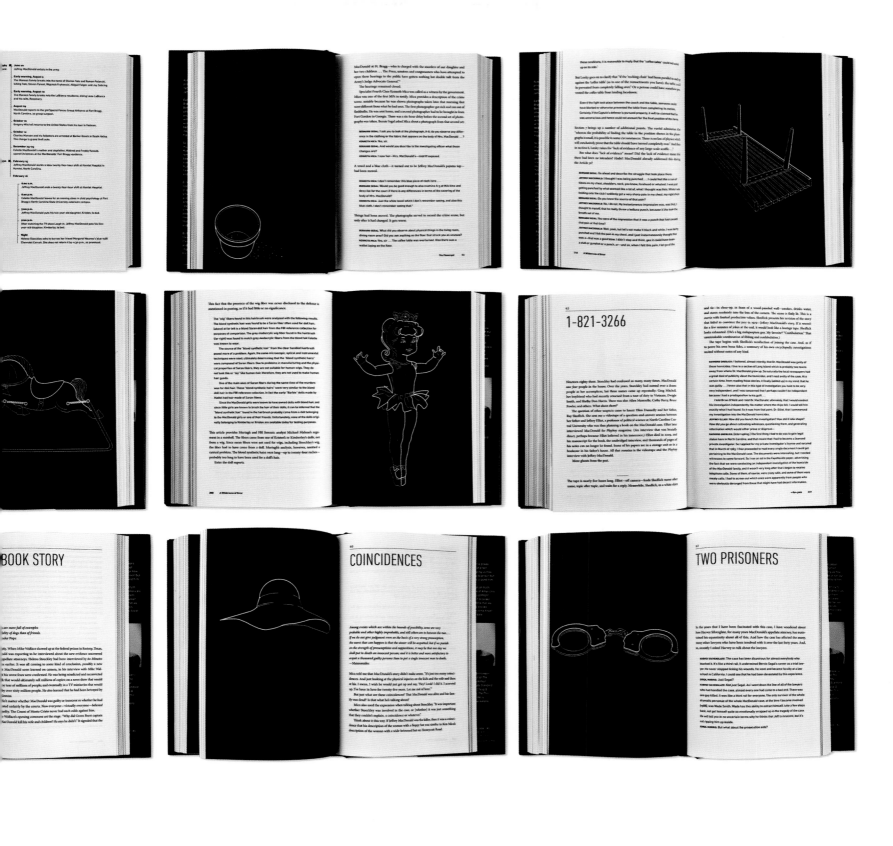

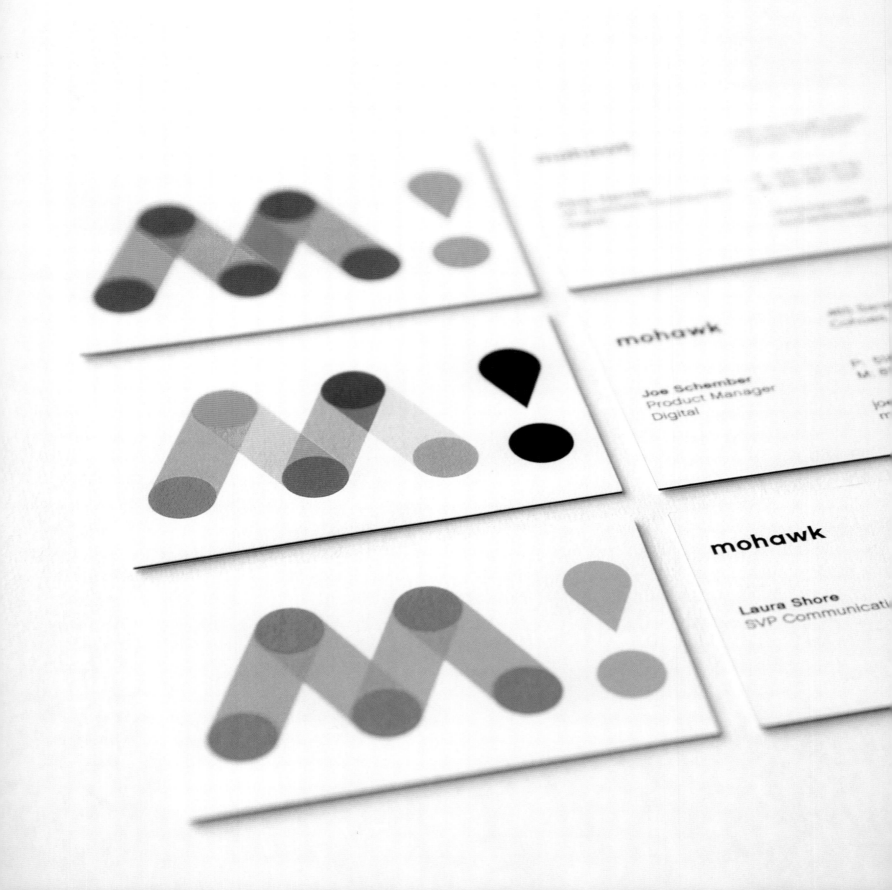

怎样做你自己
美国莫霍克精品纸业

对页图
这家公司的新视觉识别是一个更具动感的首字母,可以以各种大小应用在各种媒体上。这些改变在适应不同场合的同时,保持基本的几何构造。

上图
在20世纪,莫霍克的标志一直是一个莫霍克部落的印第安人,形象伟岸但是越来越不合时宜。20世纪90年代开始,我开始跟莫霍克的市场总监劳尔·肖尔(Laure Shore)一同为这家公司寻找一个和现实相匹配的新形象。

以前,标志是永恒的。现在有些还是这样,而且应该是这样。我们当今的时代是一个企业如果不快速为了适应新的挑战而做出改变就可能会毁灭的时代,昨天可以的东西,明天可能就不行。一家公司的形象应该是真实的、一贯的,但不应该是凝固在某个时间点的。

由欧康纳家族三代经营的莫霍克精品纸业于1931年在纽约州莫霍克河与哈德逊河合流的地方创立。在数字时代,造纸还是一个工业过程:去过造纸厂的人相信都不会忘记大桶的纸浆变成了一摞一摞平滑的纸张的景象。在这项古代工艺的当代实践者中,很少有像莫霍克这样创新的公司。20世纪40年代和20世纪50年代有纹路纸和色纸在印刷纸市场独占鳌头,在20世纪80年代和20世纪90年代发明了新的工序来保证最好的平版印刷(后来是数字印刷)还原,到成为美国第一家用风力发电抵消碳痕迹的公司,这家小公司一次次沉着地用想象力迎接了挑战。

纸的销售是复杂的。很多年来,像莫霍克这样的公司都是先把纸卖给分销商,由分销商卖给印刷厂,而印刷厂的订单是根据设计师和艺术总监的需求定的。21世纪给纸的销售带来了新的复杂性。像年报这样的大批量商业印刷品订单随着这些内容的电子化已经消失了。与此同时,小批量、DIY需求把市场直接对消费者打开了。

因此,我们三次重新设计了莫霍克的品牌识别,差不多每10年一次。以一个可以变形的"M"为中心的最新的品牌识别把公司定位在数字世界的中心,但也强调了对工艺和连接性的重视。

如果不能与公司最真实的内核相联系,再好的标志也是失败的。多利·帕顿(Dolly Parton)对乐坛新秀的忠告,也是我听过的最好的品牌哲学:"认识你自己,然后做你自己。"(Find out who you are, and do it on purpose.)有一个认识自己的客户是多么幸运的事情。

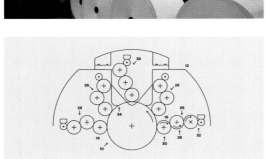

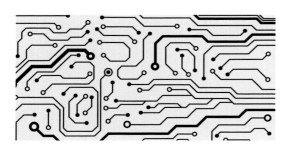

上图
简单地在卡纸上印上黑色的图案就得到了莫霍克的邮递外用包装。

右图
"M"的符号可以变化成从感叹号到运算符号的各种符号。

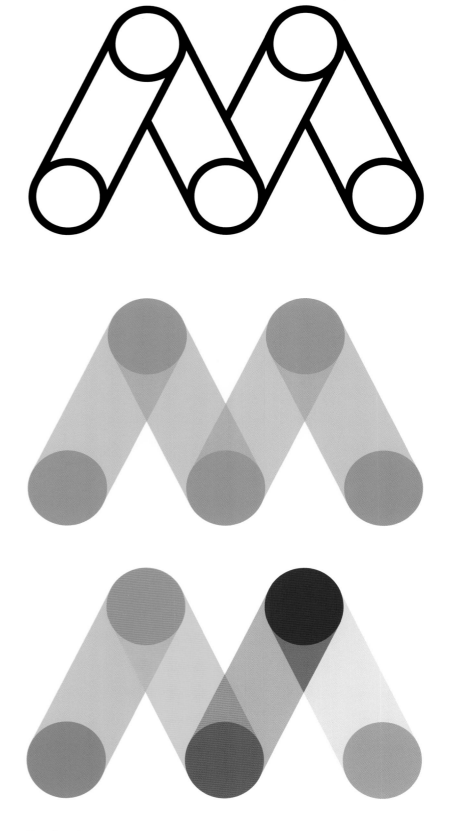

美国莫霍克精品纸业

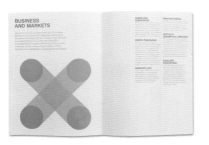

左图
随着新视觉的投入,我们推出了一个新的主题"今天你要做什么?"这把莫霍克公司与把想法转化成现实的过程对应了起来。

上页图
鲜亮的包装纸让莫霍克在商店和仓库中脱颖而出。

左图

在公司新的视觉标志推出以后，我们展开了一个新的主题"你今天要创造什么？"这个主题把莫霍克的产品和传达想法与把想法转化为现实的过程联系在了一起。

对页图

鲜亮的包装纸让莫霍克的产品在商店和仓库脱颖而出。

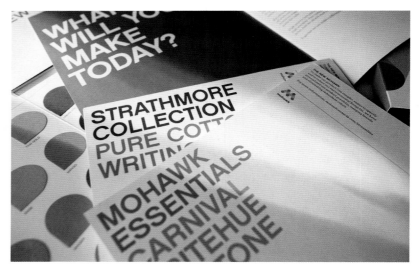

右上图

公司的新推销手册扩展和推进了新的主题和视觉标志。

右下图

在纽约州，莫霍克的送货卡车很常见。

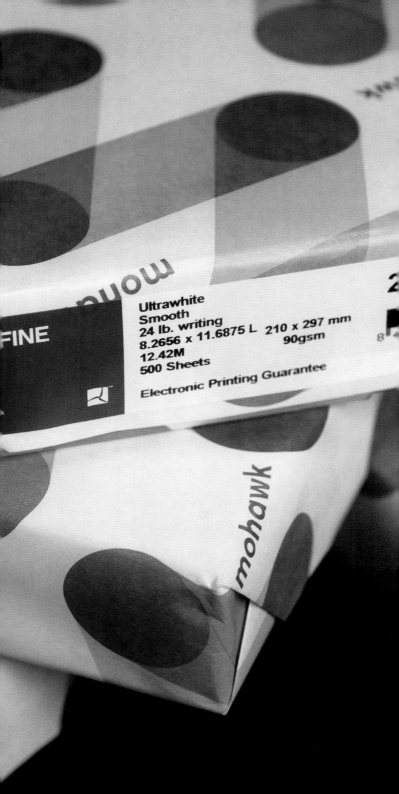

AIA

A[]A

A[WE]A

怎样找回激情
美国建筑师学会

对页图
我们给 AIA 新设计的标志动画强调了支持各个成员的集体的力量。

上图
AIA 原来的标志意在表达一种权威，并重申了建筑设计是一个受保护的行业协会。

1857 年成立，拥有 8 万名成员的美国建筑师学会是美国历史最悠久，成员数量最庞大的设计类行业组织。留着胡子都是白人的 13 名创始成员应该很难想象在 160 年后的今天这个行业的样子。近几年 AIA 面临了一些前所未有的挑战：全球经济萧条、技术的革新、越来越多元化的成员构成。具有前瞻性又有行动力的协会主席罗伯特·艾维（Robert Ivy）决心对协会进行改革。我们被邀请一起畅想新 AIA 的未来。

改革这样一个历史悠久而庞大的组织会是很痛苦的过程。有时候，挑战之一是了解清楚挑战是什么。AIA 希望能够改善建筑师在大众心中的形象。但是其实这不是问题所在。就像我的同事阿瑟·柯恩（Arthur Cohen）所做的调查的结果那样，大家喜欢建筑师。不喜欢建筑师的是建筑师本人。职业的多重压力让建筑师们灰心丧气，很多人都几乎想不起来当初让他们加入这个行业的那种激情。他们加入 AIA 是为了获得教育、肯定和支持。我们也想把激情找回来。

也就是说我们的设计有多个受众，在中心的是设计师，他们当然是他们自身价值最好的宣传者。我们开始统一 AIA 的各个分会的宣传品，为他们新的里程创造新的视觉语言。基于 AIA 缩写中间的多利斯立柱似的字母"I"，我们定制了一套字体。我由衷而发，写了一篇 193 个词的宣言，讨论了设计师的个人动力。这篇文章第一次在 AIA 理事会发表的时候，有几名成员说他们被感动得流泪了。激情又回来了。

下图

我们的同事拉普拉卡·柯恩（LaPlaca Cohen）构思的一则广告。广告的中心不是建筑，而是建筑所服务的人。

对页图

我们设计的一套新的字体：AIArchitype 把这个组织的宣传品都统一了。一定程度上基于梁柱系统的这套字体由杰瑞米·米克尔绘制，粗壮的竖线条支撑着稍细的横线条。

TECTONIC STRENGTH

God is in the Details

BUILDING COMMUNITIES

Cantilevered Support Structure

2419 Design Iterations

One Corbusier Lamp

Mister Wright

PRESERVING LANDMARKS

Computer Aided Design

右图与对页图

2014 年的 AIA 年会在美国最伟大的建筑城市芝加哥召开。芝加哥是 AIA 发布新视觉的完美地点。五角设计公司的哈米士·史密斯跟 AIA 的市场部合作，设计了一套手册，都是把 AIA 嵌入到目的地的地名里去。广告和衍生品上都印了芝加哥的城市规划者丹尼尔·本哈姆（Daniel Burnham）的话："不要做小规划，它们没有震慑灵魂的魔力。"

后页跨页图

设计师的动力是什么？他们想从行业协会得到什么？针对这些问题我们做了好几个月的调查，最后浓缩成了一份 193 个单词的宣言。

CHIC
AIA
GO!

CHICAIAGO!

AIA Convention 2014
June 26–28, Chicago

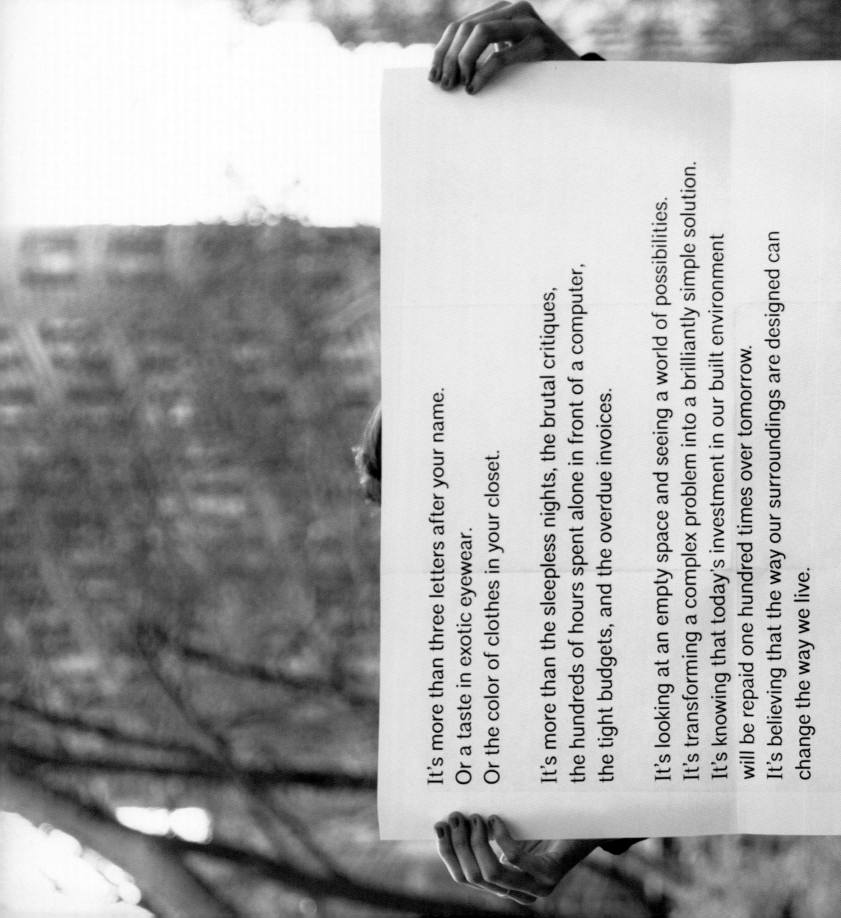

It's more than three letters after your name.
Or a taste in exotic eyewear.
Or the color of clothes in your closet.

It's more than the sleepless nights, the brutal critiques,
the hundreds of hours spent alone in front of a computer,
the tight budgets, and the overdue invoices.

It's looking at an empty space and seeing a world of possibilities.
It's transforming a complex problem into a brilliantly simple solution.
It's knowing that today's investment in our built environment
will be repaid one hundred times over tomorrow.
It's believing that the way our surroundings are designed can
change the way we live.

This is what drives us.
This is what it is to be an architect.

We need clients who can believe in the power of a reality that doesn't yet exist.
We need to listen to the people who will live, work and play in the places we create.
We need leadership in our communities, and in our profession.
We need each other.

We are America's architects.
We are committed to building a better world.
And we can only do it together.

AI[WE]A

怎样制造新闻

查理·罗斯

对页图
查理·罗斯的节目的视觉语言是基于方块和圆圈的一套系统，就像这个节目的布置，全黑背景前摆着一张圆桌。

低劣的特效、俗艳的动画、不堪的文字排版，电视上的设计看起来也就像是动态的垃圾邮件。然后，还有比新闻看起来更丑的吗？24小时新闻的那种让人无法逃避的嘈杂声也带来了它在视觉上的必然结果，屏幕上的视觉元素像海啸一样扑面而来，就好像它们不是想提供信息，而是想混淆信息。

相对于这让人绝望的拥挤环境，查理·罗斯（Charlie Rose）的节目是一片自信清晰的绿洲。一张圆木桌和漆黑的背景，从1991年开始，查理·罗斯就开始在这样极简的布置中做访谈。桌前坐着的被采访者有总统和总理，也有演员和作家。罗斯优雅的举止，还有在北卡罗来纳州成长所带来的简洁的语言，让他拥有了能提出敏感问题引出惊人回答的能力。他30多年来的几百次访谈是对改变世界的一系列事件的现场记录。

但是有一个弱点，就是罗斯的访谈节目一直保持着20世纪90年代的视觉风格。作为他的一位忠实观众，我很少接到委托电话就这么高兴的。我当时马上就把这次挑战总结成一个问题：圆形木桌的视觉象征应该是什么？

我们的设计也一样直接。我们把主持人的名字排成了两行，字体用的是报纸标题的那种让人感到即时感的窄粗体。这样就排成了一个完美的方形，和桌子的圆形产生了对应。圆形和方形的组合形成了一套模组系统。无论是广告还是网页的排版，我们都可以用这套系统。再加上还是用圆形和方形设计成了引号，我们就有了一套完整的视觉。这套视觉强调了查理·罗斯节目的特点——谈话、自发、耿直。这是新闻的本质，也是了解复杂世界的钥匙。

ABCDEFGHIJ
KLMNOPQRS
TUVWXYZ
1234567890

THE FOOTNOTES GET
"VERY VERY ADDICTIVE"

IT'S A VERY
"PERSONAL CHOICE"

"HIP-HOP IS WHAT YOU LIVE"
RAP IS WHAT YOU DO.

对页图
为了设计一套能够表现查理·罗斯节目特点的字体，五角设计公司的杰西卡·斯文森修改了一套很少被使用的产生于20世纪50年代中期的叫Schmalfette Grotesk的字体。这样既能让人感觉到印刷新闻的那种直白，又避开了一般电视的3D阴影、高光等俗套。

左图
几乎每一期查理·罗斯都会出现一些让人记忆深刻的金句，这归功于主持人的高超访问能力。这些金句被做成小海报，鼓励观众收看该节目。

怎样制造新闻　269

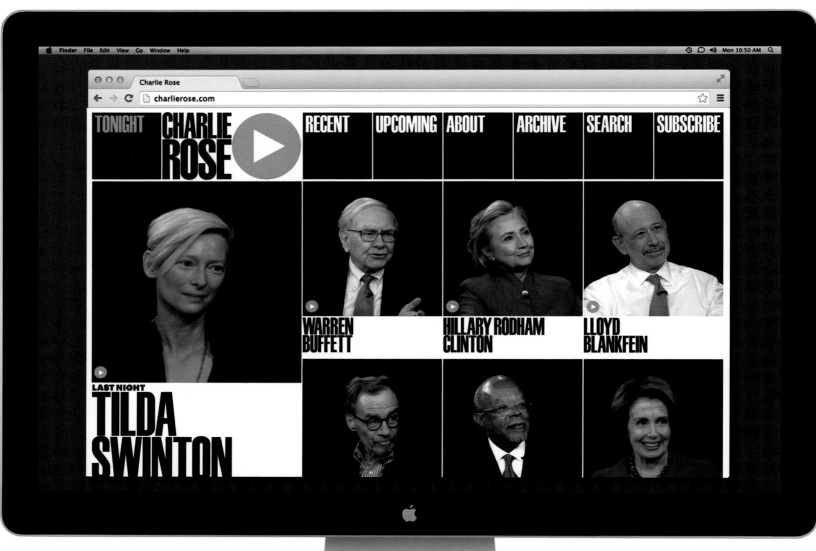

上图与对页图

新设计的查理·罗斯网站为访客们提供了一个可搜索的庞大访谈视频数据库。

这些设计概念图展示了如何把模组系统应用到数字互动上。

怎样制造新闻

右图

在 1991 年节目刚推出的时候，大家只有一个选择：要么收看每晚的节目，要么就完全错过。现在不一样了，观众们可以自己决定什么时候，在哪里，看什么和怎么看。

对页图

虽然节目在全球都受到热捧，但查理·罗斯的节目还是根植于纽约，它的缤纷的视觉呈现有意表现纽约的那种快节奏的活动感。

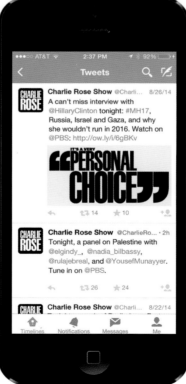

怎样摆桌
巴比·福雷的餐厅

对页图
巴比·福雷的所有餐厅项目我的合伙人都有参与过。他最新的餐厅 Gato 在曼哈顿市中心。

几年前,"体验设计"大受追捧。设计师、广告业者和市场营销从业人士似乎都突然意识到消费者对品牌的印象的形成并不只来自标志和广告。实际上消费者的印象是通过生活体验的"360 度全景"中的一系列的"触点"获得的。用正常人的话说,是从真实的生活中得到的。自我膨胀的传达业者肯定对此十分惊讶。但这对于任何开过餐厅的人来说并不是新鲜事。

好的餐馆主人都知道好的用餐体验必须有五感参与;在门口受到迎接的方式和食物的味道一样重要(甚至更重要);用餐的体验实际上是一种戏剧的体验,用餐的客人既是表演者也是观看者。

巴比·福雷(Bobby Flay)是享誉世界的厨师。这位纽约土生土长的烹饪天才,在 Mesa Grill 餐厅掌握了西南料理的精髓,在 Bar Americain 餐厅颠覆了纽约中城的用餐体验。他和他的合伙人劳伦斯·克雷奇默(Laurence Kretchmer)深知如何开一家极其火爆的餐厅。

我们发现关键就在于跟对象人群做最精准的沟通。如何让人满足期待并超越期待?巴比的汉堡宫殿是一次"快休闲"体验:很棒的汉堡、薯条还有奶昔都迅速地送到你的餐桌上。这里的空间设计完全基于这种思想:柜台蜿蜒到餐厅的各个角落,平行的线条所带来的速度感。我们设计的标志也借用这些形式把名称变成一个汉堡:面包、肉饼和生菜达到完美的平衡。

巴比在曼哈顿 Noho 区的高档餐厅 Gato 可以说正相反:创意料理定制菜品,每样都按照需求烹饪,表现出后台厨师的热情和认真。这里的视觉是沉稳克制的。两个餐厅,两套视觉,两种体验。参与 Gato 餐厅和巴比的汉堡宫殿设计工作,提醒我们餐盘上端上来的只是体验的开始。

巴比的汉堡宫殿是福雷对他青年时代汉堡店的致敬。他走遍美国，研究各地的汉堡。汉堡宫殿的菜单从费城汉堡（波罗伏洛，煎洋葱、辣椒），到达拉斯汉堡（辣皮汉堡肉饼、卷心菜沙拉、蒙特雷杰克奶酪、烧烤酱、酸黄瓜），到洛杉矶汉堡（牛油果、豆瓣菜、车达芝士、西红柿），应有尽有。2008年在新泽西郊区开了第一家汉堡宫殿之后，全美现在已经有18家了。

右图与对页图
汉堡宫殿所有的视觉元素都明亮生动。罗克韦尔设计公司（Rockwell Group）的室内装修充满活力，而且可以根据空间随意转换。我们的设计借用了罗克韦尔的色彩。巴比给大家提供了"酥脆"选项，就是在汉堡里加一层薯片，我们努力让我们的设计也这么直接。

上图
巴比的汉堡宫殿的标志就像这里的招牌食物堆叠起来。它也可以看作是一个由首字母缩写组成的"小汉堡"。

巴比·福雷的餐厅

Gato餐厅于2014年在曼哈顿的老佛爷街开业。是巴比10年来开的第一家餐厅。餐厅在一个修复的1897年仓库里，主要经营地中海料理。这里的菜品和原料来自西班牙、意大利、法国还有希腊。这里的装修，也是由罗克韦尔设计公司做的，体现了大都会的奢华与曼哈顿的克制之间的平衡。我们设计的目标也是一样。

右图与对页图
在所有细节上都体现了粗犷与奢华的平衡。辅助字体我们用的是 Pitch——一种精致的等宽打字机字体，还配上了和 Gato 餐厅的地板一样的蓝色。五角设计公司的杰西·立德负责了很多细节工作，从窗户上的金色标志，到洗手间里手绘的"本店员工必须洗手"的标语。

后页跨页图
老佛爷街上 Gato 餐厅的外墙。透过右边的窗户可以看见主厨。

上图
Gato餐厅的标志用了安东尼·布里尔（Anthony Burrill）的字体 Lisbon。Lisbon的灵感来自里斯本还有地中海其他城市的街道上的地址牌。

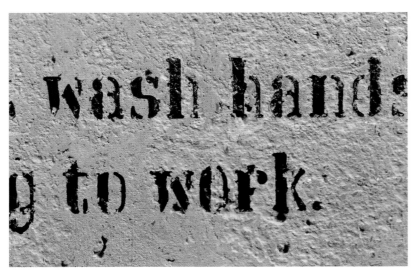

怎样在岛上生存

总督岛

总督岛坐落在离曼哈顿海岸 800 码（约 731.5 米）的地方，去那里只能坐差不多七分钟渡船。但是那里和市里的对比简直是超现实的。那里没有车，也没有人群。北边是一个 100 多年前建成后来废弃的军事基地，优雅却恐怖。南边是一片一片的荒芜的填埋地，景色非常好，可以看到曼哈顿、布鲁克林、纽约港还有自由女神像。

纽约市长任命我们的客户莱斯利·科赫（Leslie Koch）去开发总督岛上 172 公顷的填埋地。她举办了一个竞赛，看谁能把那里变成纽约最新的公园。阿德里安·高伊策（Adriaan Geuze）带领的荷兰景观设计团队 West 8 赢得了这次比赛。我们的任务是帮助来岛的访客们找到他们要去的地方。

总督岛只有两个"正门"，就是来自曼哈顿和布鲁克林的渡船码头。这个地方并没有大到会迷路的程度，而且它周围的景色随时帮助你找到方向。看起来并不难。

但是我们却在挣扎。我当时整个拴在一个想法上：粗大的圆柱形指示牌，就像这个岛一样，360 度无死角。在一次又一次的会议上，我展示了越来越细致的方案。但是做得越细致，我越没那么喜欢这个方案了。实际上其他人也不喜欢。最终我只能宣告这个方案的失败。

"我能给你看个东西吗？"我问我的合伙人薛博兰（Paul Scher）。我把数月的成果展示给她看，还有总督岛的照片。她没去过那。她指着塔架，就是竖在码头上的巨大的骨架结构，说："我觉得指示牌应该长这样。不是说最重要的是景色吗？为什么不做能看穿过去的牌子呢？"

只用了 3 分钟。我去找了 West 8 的团队，问他们能不能放弃前面的方案，重新开始。我以为他们会很紧张，但是其实他们松了一口气。新的方案非常合适。我第一次拿给莱斯利·科赫看的时候，我就知道我们找到答案了。现在她把这些牌子叫作"纽约最美的路牌"。

对页图与上图
很少有人访问过总督岛。它距离曼哈顿不到半英里，可以说是光天化日下的一个秘密场所。现在，它整个夏天都对公众开放，但是要去的话只能坐渡船。岛上的景色好得出奇，游客环岛游览的时候也能帮助他们找到方向。

后页跨页图
总督岛码头上巨大的塔架既是欢迎来访的大门，也是离开时回望的画框。这些塔架的结构成了我们设计岛屿上的指示牌的灵感源泉。

上图

这些牌子看起来既要稳固又要有趣,既要能在环境中凸显出来,又能够融入背景当中。阿德里安·高伊策、杰米·马思林·拉森(Jamie Maslyn Larson)和他们的 West 8 团队帮我们做了牌子的外部框架,包括贯穿于他们为公共区域设计的合并的曲线和有机的图形。

上图

我们为总督岛专门设计了一套叫 Guppy Sans 的字体。这套字体可以说是结合了结实的无衬线字体(反映总督岛实用的过去)和装饰性的展示字体(提示未来郁郁葱葱的公园)。

五角设计公司的布里特·科布(Britt Cobb)和哈米士·史密斯主导了这些设计的落地。他们花了很多时间在岛上的小路上步行和骑自行车。

上图

为总督岛做路牌的一个重大挑战是怎样应对改变。这些牌子看起来比较像是永久的，但是又必须每周更新来加入新的活动，或者按照季节变化的景点。所以最后我们用了可以随时修改的模组系统。

上图
无论一套导视系统有多么复杂,
有一个牌子总是最重要的。

左上、左中、左下图

我们在所有的路牌、非正式的告示牌和其他的说明性展牌上，都用了我们设计的那套定制字体。我们想让这里与纽约的其他地方区别开来。

上图

莱斯利很坚定地相信让人记忆深刻的地名可以帮助大家找路。在岛上，有些地名是有历史的，如上校路（Colonels Row），有些是新起的，如吊床树丛（Hammock Grove）。这些名字出现在地图上的时候就让人充满遐想。

后页跨页图

这些路牌的结构，还有它们周围茂密的环境，都让它们成为最好的棚架。我个人的幻想是，将来上面爬满了藤蔓，让设计和自然完美地结为一体。

怎样在岛上生存　289

怎样同时设计两打标志
麻省理工学院媒体实验室

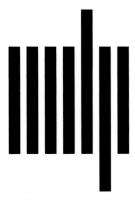

对页图
与麻省理工学院的由尼古拉斯·尼葛洛庞帝（Nicholas Negroponte）、奈里·奥克斯曼（Neri Oxman）、石井裕（Hiroshi Ishii）、艾伦·霍夫曼（Ellen Hoffman）带领的团队合作设计的MIT媒体实验室的标志，意在结合永恒性和灵活性。

上图
设计师穆里尔·库珀（Muriel Cooper），是MIT开拓性的视觉语言工作室的负责人，是创立媒体实验室的关键人物。她在1962年为麻省理工学院出版社设计的标志，至今都不过时，也成了我们这次设计的参考。

数字技术永远改变了我们沟通的方式，也颠覆了我们对于好标志的定义。接踵而来的是数字媒体的崛起。旧测试（能传真吗？）变成了新测试（能动态吗？）。复杂与动态已经不是新技术的一种可能，而是新技术的象征。

从1985年开始，世界数字革新的中心就是麻省理工学院的媒体实验室的各个研究小组。杰奎琳·凯西（Jacqueline Casey）设计的实验室最初的标志是一些可以变化的色条。灵感是艺术家肯尼思·诺兰德（Kenneth Noland）为原实验室大楼做的一套装置。这套标志一用就用了二十几年。实验室成立25年之际，设计师理查德·泽（Richard The）设计了一套能够产生4万种变化的算法。两种方法都是延展性的标杆，能够变化无穷。但是MIT还有另外一个传统，就是媒体实验室的传奇人物穆里尔·库珀为麻省理工学院出版社设计的标志。极简的7条竖线，从1962年开始都不曾变过。麻省理工学院的团队给我们带来了一个挑战：能不能做一个标志把代表永恒性和延展性这两个传统结合起来？

其实我已经在考虑这个问题了。设计了太多动态标志和非标志的标志（non-logo logo），之后我开始怀疑它们的有效性。大量的变化现在看来可能是混乱的，投射出毫无意义的差别。而库珀和她同时代的设计师在美国企业识别的黄金年代设计的那些标志不但充满了自信还直戳人心。

我们的结局方案在很多实行错误之后才出现。在一个7×7的网格上，我们生成了一个简单的"ML"字母组合。这个可以当作媒体实验室的标志。然后用同一个网格，我们又生成了媒体实验室的23个研究组的标志。就这样我们得到了一组互相联系的标志家族，既为媒体实验室建立了一个固定的标志，又同时赞扬了让媒体实验室之所以伟大的多元的研究活动。

右图
我们给媒体实验室设计的标志源自一个 7x7 网格上画出来的 M 和 L。

对页图
媒体实验室的标志不变化,但是文字和标志之间的关系可以变化。

后页跨页图
同一个 7×7 网格还可以生成实验室其他研究组的标志。这些研究组包括情感计算组（Affective Computing）、病毒式传达组（Viral Communications），等等。每个标志都是根据研究组的缩写生成的独特图案。

再后一页跨页图
因为这些标志都基于相同的几何元素，它们可以被看成是一个家族，一个超越了部分的总和的合体。

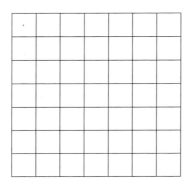

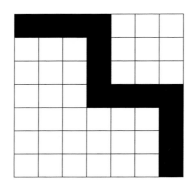

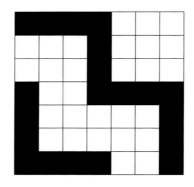

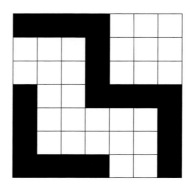

mit
media
lab

294　怎样用设计改变世界　　麻省理工学院媒体实验室

 **mit media lab**

 **affective computing**

 **biomechatronics**

 design fiction

 **fluid interfaces**

 **human dynamics**

 **molecular machines**

 **object-based media**

 **opera of the future**

 **social computing**

 **social machines**

 **speech + mobility**

 camera culture
 changing places
 civic media
 lifelong kindergarten
 macro connections
 mediated matter
 personal robots
 playful systems
 responsive environments
 synthetic neurobiology
 tangible media
 viral communications

右上图

自从 20 世纪 60 年代开始麻省理工学院的视觉就和 Helvetica 字体联系起来。那里的设计师杰奎琳·凯西、穆里尔·库珀、拉尔夫·科伯恩（Ralph Coburn）和迪特玛尔·温克乐（Dietmar Winkler）是最早把瑞士的"国际主义风格"的设计带过来的人。我们在整个标志系统里都用了这个字体，还延伸到了指路系统中。

右下图

这个标志，稍作改动，变成了一个指向媒体实验室上层的有趣的箭头。

右上图与右下图
这些触摸屏帮助访客们找到目的地,也发布新的活动。

后页跨页图
新的识别在 2014 年秋天的会员活动上推出,活动的主题正好是"投放"。

再后一页跨页图
设计师艾伦·费(Aron Fay)负责了这套复杂系统的实行。包括把它用到宣传"投放"会员活动的海报上。

怎样用平面设计拯救世界
罗宾汉基金会图书室项目

对页图
我最喜欢的项目一开始是一个技术问题。在给纽约市的各学校的图书馆做设计的时候，我们发现这些建筑很陈旧，天花板很高。但是孩子们都很小，他们能够得着的书架还没有房顶的一半高。那么上面的那么大的空间怎么办呢？在布鲁克林的 P.S. 184，答案是我太太多乐茜拍的巨幅照片。

罗宾汉基金会接受了一个巨大的挑战：通过关注一个房间，也就是学校的图书室，来改变纽约最落后的社区的公共学校的教育质量。一群建筑师参与了图书室的设计，而我们义务为这个项目提供设计。

我们的任务似乎很清楚：给这个项目做一个标志，然后做一些代表各学校的牌子。当我们都快做完的时候，一名建筑师让我们设计一下儿童书架和房顶之间的空白墙面。我想象的是一种围着墙面的现代版的装饰带（frieze），这次不是赞颂古代的神明，而是孩子们自己。我的太太多乐茜拍了这些照片。这种方式很受欢迎，每个学校都想要一幅壁画。

在哈林、东布鲁克林还有南布朗克斯都建成了这种图书室，为数百个孩子和当地居民提供读书的场所。我们决定让每幅壁画都不一样。我们请插画师林·保利（Lynn Pauley）和彼得·艾克尔（Peter Arkle）画了肖像。克里斯托弗·尼曼、查尔斯·威尔金（Charles Wilkin）、拉斐尔·艾斯克（Rafael Esquer）、施德明（Stefan Sagmeister）和麦拉·卡尔曼等设计师也同意贡献出他们的作品。

有一天，我们去参观了完工的图书室。我看到图书室里坐满了小孩的时候非常激动，因为很多年前我就是这样在学校的图书室里发现了我的梦想。我们要去最后一站的时候已经快到放学的时间了。时间比较晚了，当图书管理员要关门的时候，她问我："你想知道我怎么关灯吗？"虽然我有点糊涂，但答应了她。她说："我总是最后关掉这盏灯，"她解释道，"那盏灯照亮的是孩子们的脸。我希望能提醒我自己我们做的一切都是为什么。"

我那时候才意识到这个项目真正的目的：去帮助像她这样的图书管理员更好地完成他们的使命。某种程度上，这是我工作的唯一目的。因为设计并不能改变世界，只有人可以，但是设计可以给我们尝试的灵感、工具，还有手段。我们离开的时候暗下决心要一直尝试。

罗宾汉基金会是纽约最神奇的公益组织。就像它的名字一样，把从纽约最富有的人那里获得的捐款100%都用于帮助纽约最穷的人。罗宾汉基金会的惊人之处在于能够把这些捐款的作用放到最大，有时候途径是设计。这次的图书室项目，一下子聚拢了出版商、建筑公司、建筑师，就是一个绝佳的例子。作为这个项目的设计总监，我们邀请了纽约最棒的插画师和设计师参与进来，来改变公立学校中孩子们最有可能以群体为单位学到知识的地方——图书室。

下图
考虑到一个新的项目需要一个新的名称，我浪费了很多时间去想名字。比如说一语双关的"红区"（red zone），还有缩写OWL（我记得全称是 Our World Library 这类的）。罗宾汉基金会的罗尼·坦那（Lonni Tanner），也就是这个项目的负责人，很抵制这些名字。我反驳说孩子们应该会觉得图书室很无聊。"迈克"，她说，"我们的很多孩子都没有见过真正的图书室。"最后我们做了一个很直白的标志，只是通过改变一个字母来暗示我们这些图书室有些特别。

对页图
因为我们不是商业加盟店，我们决定要为每个图书室做不一样的设计。这个不切实际的选择给我们带来了巨大的苦难。但是这种定制让每个空间都令人难忘，比如说建筑师亨利·迈尔伯格（Henry Myerberg）设计的布朗克斯C.S 50 的图书室的大门。

后页跨页图
我们邀请了纽约最棒的艺术家们参与这个图书室项目。在建筑师理查德·刘易斯（Richard Lewis）设计的布鲁克林的P.S. 287，插画师彼得·艾克尔采访了孩子们，还把他们的话写在了黑白的肖像画里。

L!BRARY

- snapping from the white page.   - Rushing into my eyes.

- Sliding into my brain which gobbles them.

对页图

在布朗克斯的 P.S. 96,设计师施德明和插画师清水裕子（Yuko Shimizu）把"每个诚实的人都是有趣的"这句话给画了出来。

右上图

插画师林·保利到各个学校用各种风格给学校的孩子们画肖像,也包括布朗克斯 P.S. 36 的孩子们。

右下图

在布鲁克林的 P.S. 196,设计师拉斐尔·艾斯克把孩子们的画化成了成千个小侧影。

后页跨页图

克里斯托弗·尼曼在布朗克斯 P.S.69 的壁画中,图书的形象被借用到很多图像中,比如说,Ahab 的鲸鱼、老鹰的翅膀,还有美国国旗。

再后一页跨页图

作家兼插画家麦拉·卡尔曼发明了一个结合了图像、物体,还有他自己的独特手写字体的装置。

怎样用平面设计拯救世界　313

致谢

谨以这本书纪念两位伟大的人：马西莫·维奈里和威廉·德伦特。从马西莫那里我学会了怎样当一名设计师。从威廉那里，我知道了一名设计师对这个世界所做的贡献可以是无限的。我还在努力达到他们所设的标杆。

在我还不知道什么是平面设计师的时候，我的父母——里奥纳德和安·玛丽·比鲁特，鼓励我成为艺术家。我父母还有我的兄弟们——罗纳德和唐纳德，一定都会觉得我莫名其妙，但是他们一般都能假装视而不见。在克利夫兰郊区长大最棒的部分就是跟他们在一起。

在初中、高中，还有大学，我有幸遇到了一些非常敬业的老师，像 Sue Anne Neroni、John Kocsis、Gordon Salchow、Joe Bottoni、Anne Ghory-Goodman、Stand Brod、Heinz Schenker，还有 Robert Probst。我刚进入职场还只是区区实习生的时候，Chrsit Pullman 和 Dan Bittman 是我最早的老板和导师。

尤其重要的是我在纽约的合伙人，曾经的和现在的，每天都给我带来灵感：James Biber、Michael Gericke、Luke Hayman、Natasha Jen、Abbott Miller、Emily Oberman、Eddie Opara，还有 Lisa Strausfeld。Paula Scher 和我一起进入五角设计公司，她现在还是我最看重的设计师。

这些我在这里占为己有的作品其实是很多人合作的结果。我的团队受益于很多曾经与我共事的设计师：Katie Barcelona、Josh Berta、Rion Byrd、Tracey Cameron、Emily Hayes Campbell、Lisa Cerveny、Britt Cobb、Karla Coe、Elizabeth Ellis、Aron Fay、Sara Frisk、Agnethe Glatved、Sunnie Guglielmo、Lisa Anderson Hill、Laitsz Ho、Elizabeth Holzman、Melisa Jun、Sera Kil、Jennifer Kinon、Julia Lemle、Michelle Leong、Dorit Lev、Julia Lindpantner、Yve Ludwig、Joe Marianek、Susan May、Katie Meaney、Asya

Palatova、Karen Parolek、Kerrie Powell、Jesse Reed、Nicole Richardson、Kai Salmela、Jena Sher、Niko Skourtis、Hamish Smyth、Trish Solsaa、Robert（"P. M"）Stern、Jessica Svendsen、Jacqueline Thaw、Brett Traylor、Armin Vit，尤其是 Tamara McKenna，她是把所有人和所有事聚合在一起的"胶水"。

我感谢所有这些年让我变成更好的写作者的人，尤其是 Steve Heller、Chee Pearlman、Rick Poynor，还有我的灯塔——Jessica Helfand。

我受到 Thames & Hudson 出版社的 Lucas Dietrich 的鼓动写了这本书。谢谢你，Lucas。Andrea Monfried 鼓励我答应此事，并给了所有我都不敢奢求的帮助。也感谢 Liz Sullivan 和她在 Harper Design 的团队。

Chloe Scheffe 对这本书设计的初级阶段贡献非常大，最后是 Sonsoles Alvares 付出了巨大的努力使这本书得以完成。Julia Lindpaintner 与 Kurt Koepfle 和 Claire Banks 一起找到了不少书里的照片和摄影师的身份。Joshua Sessler 和 Judy Scheel 提供了非常关键的专业建议。

最后，我所有的成就，包括养育三个了不起的人——Elizabeth、Drew 和 Martha，都是因为我得到了我的挚爱，我的初吻也是唯一吻过的女孩的 40 年不间断的支持。Dorothy 谢谢你一直在我身边支持我。

迈克尔·贝鲁特

图片版权

Peter Aaron/OTTO: 54–59; Richard Bachmann: 68 (above); Bob Barrie and Scott D'Rozario/Fallon: 232–233; Benson Industries: 158; Jim Brown: 170–171; Courtesy of Bulletin of the Atomic Scientists: 107; Emilio Callavino: 210; Courtesy of the Cathedral of St. John the Divine: 131, 136; Kevin Chu and Jessica Paul: 312, 313 (bottom); Brad Cloepfil: 166 (left top); Commodore Construction Corp: 283; Fred R. Conrad/The New York Times/Redux: 155 (bottom); Whitney Cox: 49 (bottom), 50–51; Songquan Deng/Shutterstock: 266 (middle right); Steve Freeman, Christopher Little, and Rita Nannini: 66–69 (Princeton University "With One Accord" photographs); Michael Gericke: 15 (bottom); Mitchell Gerskup: 52; Gori910/Shutterstock: 262 (top); Timothy Greenfield-Sanders: 44 (hand photograph); David Grimes: 46–47; Peter Harrison: 15 (top); David Heald: 165 (above right); Ronnie Kaufman/CORBIS: 231 (top left); Robert King/Getty: 36 (below); Dorothy Kresz Bierut: 100; Cocu Liu: 263; Peter Mauss/Esto: 115 (top & bottom left), 116–117, 154, 159–163, 192, 194 (right), 282, 284–291, 306, 309–311, 313 (top), 314–317; Daniel Mirer/CORBIS: 231 (bottom right); Courtesy of Mohawk: 253, 254 (top left), 256 (right); Courtesy of PentaCityGroup: 236, 240 (left top), 244 (above right); Pentagram: 16, 18–35, 38–39, 40, 41 (bottom), 42, 44, 48–49, 62–65, 68 (left), 69 (left), 70, 72–79, 86, 88–99, 106, 108–111, 118, 120, 122–124, 126–129, 132, 134–135, 137, 164, 168–169, 172–177, 196, 199 (bottom), 200–201, 204–205, 207–209, 215–216, 219, 220 (middle & bottom), 221 (middle left & top right), 222–223, 226–231, 242–243, 244 (top left & bottom left), 245–252, 255 (top right & top left), 257, 260, 262 (middle & bottom), 264–265, 276–277, 292, 295, 298–305; Antonov Roman/Shutterstock: 254 (bottom left); Courtesy of Saks Fifth Avenue: 112–113, 114 (right), 115 (right), 116–117, 119, 121; Martin Seck: 241, 274, 278–281, 284–291;
James Shanks: 220 (top), 221 (top left, bottom left, middle right, bottom right); Boris Spremo/Getty: 53; Ezra Stoller/Esto, 165 (above left), 193–194; Takito/Shutterstock: 254 (top row, third from left); The New York Times: 156–157; Brad Trent: 266, 273 (Charlie Rose portraits); Courtesy of United Airlines: 199 (above left & above right), 202–203, 224; Massimo Vignelli: 41 (top); Lannis Waters/The Palm Beach Post/ZUMAPRESS.com: 36 (above); Stephen Welstead/LWA/CORBIS: 231 (top right); Don F. Wong: 101–105; Reven T.C. Wurman: 80–85. Special thanks to Claudia Mandlik for Pentagram project photography.